Günter Steinberg · Mechthild Ebenhöh

AUSGEWÄHLTE AUFGABEN
ZUR ANALYSIS

Schroedel

Günter Steinberg und Mechthild Ebenhöh

Ausgewählte Aufgaben zur Analysis

unter Mitarbeit von Heinz Althoff, Jürgen Denker, Dr. Dörte Haftendorn,
Heiko Knechtel, Henning Körner, Eberhard Lehmann, Günter Schmidt

Gedruckt auf Papier,
das nicht mit Chlor
gebleicht wurde.
Bei der Produktion
entstehen keine
chlorkohlenwasserstoff-
CHLORFREI haltigen Abwässer.

ISBN 3-507-**73225**-4

Druck A $^{5\ 4\ 3\ 2}$ / Jahr 2002

Alle Drucke der Serie A sind im Unterricht parallel verwendbar.
Die letzte Zahl bezeichnet das Jahr dieses Druckes.

Umschlagentwurf: Jürgen Kochinke, Derneburg
Zeichnungen: Michael Wojczak, Barsinghausen
Satz: Christina Gundlach, Edemissen
Druck: Oeding Druck und Verlag GmbH, Braunschweig

Mit der Beeinflussung des Mathematikunterrichts durch moderne Taschenrechner hat eine Veränderung der Aufgabenlandschaft begonnen. Es werden zunehmend Problemstellungen erwartet, in denen die Aufträge vom kleinschrittigen, meist eng an die zuvor entwickelte Theorie gebundenen und kalkülorientierten Vorgehen abrücken. Man verlangt vielmehr durch offenere Fragestellungen neben der Kenntnis von Begriffen, Sätzen und Verfahren auch Selbständigkeit, Kreativität und Einfallsreichtum bei der Suche nach eigenständigen Lösungswegen. Die Grafikrechner fordern dabei zum experimentellen Vorgehen heraus.

Wir bedanken uns bei vielen Mitarbeitern, die uns eigene Aufgaben zur Verfügung gestellt haben. Wir hoffen, dass sich in der Problemvielfalt der Aspekt- und Substanzreichtum der Analysis widerspiegelt.

Gebrauchsanweisung

Wir haben für jede Aufgabe durch „×" bestimmte Einsatzmöglichkeiten vorgeschlagen; „■" bedeutet die Zuordnung unter gewissen Bedingungen, die sich aus dem Kontext ergeben.

- **Jahrgangsstufen 11 bis 13**

    Für Jahrgang 11 wurde bewusst auf eine Differenzierung nach Anspruchshöhen verzichtet; für 12 und 13 erfolgte die weitere Zuweisung nach Grund- und Leistungskursen.

    Ob eine Aufgabe für den 12. oder 13. Jahrgang geeignet ist, hängt vom Kurscurriculum ab; ob sie für Grund- oder Leistungskurs geeignet ist, wird von der Zusammensetzung der Lerngruppe bestimmt.

- **Unterricht - Projekt - Klausur - Abitur**

    Aus unterrichtsgeeigneten Aufgaben lassen sich vielfach Projekte gestalten.

    Als „Projekte" gekennzeichnete Aufgabensequenzen eignen sich immer auch als Themen für eine Facharbeit. Sie enthalten dazu Hinweise auf weiterführende und dennoch verständliche Literatur.

    Aus den meisten Klausuraufgaben lassen sich durch individuelle Ergänzungen Abituraufgaben entwickeln. Abituraufgaben, die bereits in der Praxis erprobt wurden, sind noch besonders gekennzeichnet.

- **Hilfsmittel: Grafikfähiger Taschenrechner - Computeralgebrasysteme**

    Alle Aufgaben mit GTR-Zuweisung sind auch für CAS geeignet. Es kann allerdings sein, dass mit CAS die Aufgaben wesentlich erleichtert werden; in diesen Fällen wurde CAS mit „■" vermerkt. Wenn CAS mit „×" gekennzeichnet wurde, enthalten die Aufgaben umfangreiche und schwierige Umformungen. Wir sind uns aber nicht sicher, was man heutzutage als „schwierig" bezeichnet und haben daher die Zuweisung „CAS" vorsichtshalber etwas öfter vergeben.

Oldenburg, im November 1997

Mechthild Ebenhöh   Günter Steinberg

3

Inhaltsverzeichnis

Denk-und Tüftelaufgaben zu Folgen   G. SCHMIDT

Sind die folgenden Aussagen wahr?

Wenn die Aussage wahr ist, erfinden Sie ein passendes Beispiel, falls sie falsch ist, geben Sie eine Begründung oder ein Gegenbeispiel an.

1. Es gibt Zahlenfolgen, die zugleich konvergent und divergent sind.

2. Es gibt eine Zahlenfolge, welche die beiden Grenzwerte $g_1 = -1$ und $g_2 = 1$ hat.

3. Bei einer konvergenten Folge gibt es einen sehr schmalen ε-Streifen um den Grenzwert g, in dem nur endlich viele Glieder der Folge liegen.

4. Jede monoton fallende Folge ist nach oben beschränkt.

5. Jede nach oben beschränkte Folge ist monoton fallend.

6. Es gibt Folgen, die sind streng monoton steigend und streng monoton fallend.

7. Eine Folge heißt streng monoton steigend, wenn für alle $n \in \mathbb{N}$ gilt: $\frac{a_n}{a_{n+1}} < 1$.

8. Eine streng monoton fallende Folge kann nicht nach unten beschränkt sein.

9. Eine beschränkte Folge ist entweder streng monoton fallend oder streng monoton steigend.

10. Es gibt beschränkte Folgen, die keine Grenzwerte haben.

11. Das Produkt aus einer konvergenten und einer divergenten Folge kann keine konvergente Folge sein.

12. Die Summe zweier divergenten Folgen ist immer divergent.

13. Eine Folge mit genau einem Häufungspunkt ist konvergent.

14. Für eine Zahlenfolge (c_n) soll gelten: In jeder ε-Umgebung von 0,9 liegen unendlich viele Folgeglieder, und in jeder ε-Umgebung von 1 liegen unendlich viele Folgeglieder. Daraus folgt dann, dass (c_n) nicht konvergent ist.

Lösung	11	12	13	GK	LK	Unt	Pro	Kl	Abi	GTR	CAS
1	×					×		×		×	

1. Falsch, Konvergenz und Divergenz schließen sich aus.

2. Falsch, bei einer konvergenten Folge kann man zu jedem ε ein n_0 angeben, von dem ab alle weiteren Folgenglieder in der ε-Umgebung von g liegen. Also kann eine Zahlen-folge höchstens einen Grenzwert haben.

3. Falsch, in jeder (noch so kleinen) ε-Umgebung des Grenzwertes einer konvergenten Folge liegen unendlich viele Folgenglieder. Außerhalb dieser Umgebung liegen nur endlich viele Folgenglieder.

4. Wahr, das erste Folgeglied ist die obere Schranke.

5. Falsch, Gegenbeispiel: (0, 1, 0, 1, ...).

6. Falsch, streng monoton fallend bedeutet $a_{n+1} < a_n$, das ist ein Widerspruch zu streng monoton steigend.

7. Falsch, es gilt aber, wenn alle $a_n > 0$. Gegenbeispiel: $\left(-\frac{1}{n}\right)_{n \in \mathbb{N}}$.

8. Falsch, Gegenbeispiel: $\left(\frac{1}{n}\right)$.

9. Falsch, Gegenbeispiel: $(0, 1, 0, 1, ...)$.

10. Wahr, z. B. die Folge $(0, 1, 0, 1, ...)$.

11. Falsch, z. B. $a_n = n$ und $b_n = \frac{1}{n}$.

12. Falsch, z. B. $a_n = n$ und $b_n = -n$.

13. Falsch, Gegenbeispiel: $(1, 1, 2, 1, 3, 1, 4, 1, 5, 1, ...)$

14. Wahr, 1 und 0,9 sind Häufungspunkte von (c_n), und eine Folge mit zwei Häufungspunkten ist divergent.

<table>
<tr><td>Aufgabe
2</td><td colspan="2">Natürliche Zahlen und π</td><td>G. STEINBERG/M. EBENHÖH</td></tr>
</table>

1. Untersuchen Sie die Folge $(\sin n)_{n \in \mathbb{N}}$.

2. Untersuchen Sie die Folge $\left(\sin^2 n\right)_{n \in \mathbb{N}}$.

3. Untersuchen Sie die Folge $\left(\sin^n n\right)_{n \in \mathbb{N}}$.

4. Ist die Folge $\left(\frac{1}{\sin n}\right)_{n \in \mathbb{N}}$ beschränkt?

Lösung 2	11	12	13	GK	LK	Unt	Pro	Kl	Abi	GTR	CAS
	×					×				×	

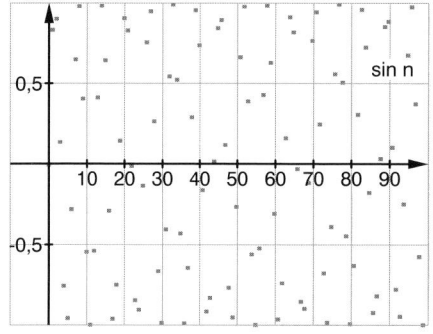

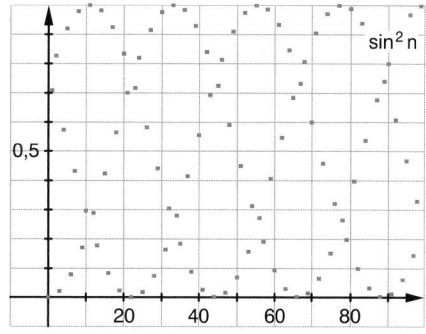

In den ersten beiden Fällen vermutet man schon aufgrund der Grafik, dass die Folgen divergent sind. Reizvoll ist es, die „Muster" zu untersuchen, die bei sehr hohen n-Werten auftauchen. Man kann durch Überlegungen und Experimentieren damit viele rationale Approximationen von π gewinnen. Optisch lassen die Graphen vermuten, dass hier eine Überlagerung von verschobenen Funktionen vorliegt. Zeichnet man jedoch neben der diskreten Funktion $y = \sin x$ bzw. $y = \sin^2 x$ in die Grafik, erkennt man die Täuschung.

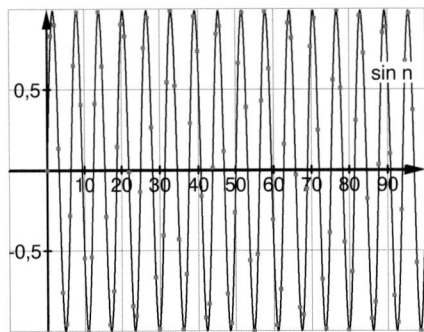

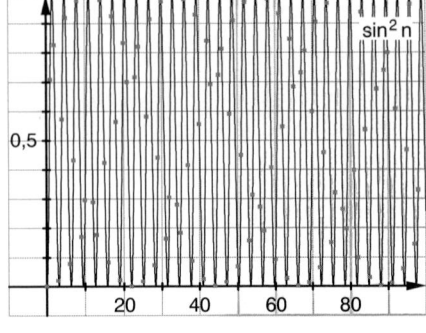

Die dritte Folge wirft eine Reihe von Fragen auf. Warum sind so viele Werte 0, oder sieht das nur so aus?

Wie sind die „Ausreißer", also diejeniegen Werte, die sich deutlich von 0 unterscheiden, verteilt? Ist die Folge konvergent?

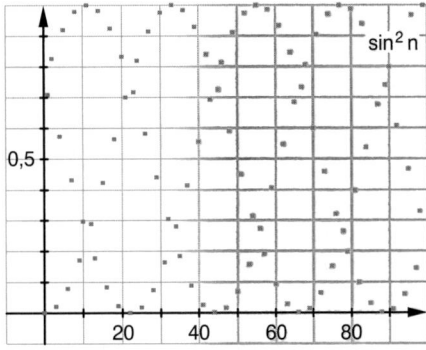

Die Folgen hängen miteinander zusammen. Im Wesentlichen geht es um die Frage, wie gut man Vielfache von π durch natürliche Zahlen approximieren kann. Aus der Dezimaldarstellung von π lassen sich „immer bessere" Näherungsbrüche gewinnen und damit n beliebig dicht an $k \cdot \pi$ bringen. Deshalb ist die vierte Folge nicht beschränkt, haben die Folgen 1 bis 3 „Beinahe-Nullstellen" und ebenso Werte, die „fast 1" betragen.

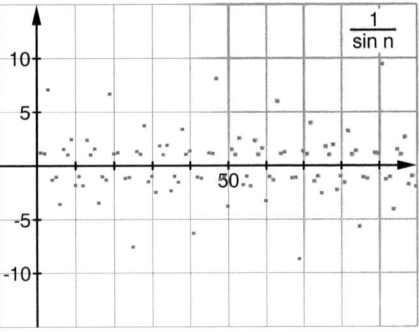

Aufgabe 3 — Rekursive Folgen

M. EBENHÖH

1. Geben Sie in einen „alten" Taschenrechner eine Zahl zwischen 0 und 1 ein und drücken Sie wiederholt die cos-Taste.
   Notieren Sie die Zahlen und stellen Sie diese auf verschiedene Weise grafisch dar.
   Benutzen Sie auch die Möglichkeiten des Grafikrechners.
   Verändern Sie die „Startzahl" und beschreiben Sie Ihre Beobachtungen.

2. Führen Sie dasselbe Verfahren mit den Tasten sin, tan, x^2, $\sqrt{x}$ durch.

3. Geben Sie eine beliebige Zahl ein und drücken Sie abwechselnd cos, sin, cos, sin ... .

Lösung	11	12	13	GK	LK	Unt	Pro	Kl	Abi	GTR	CAS
3	×					×				×	

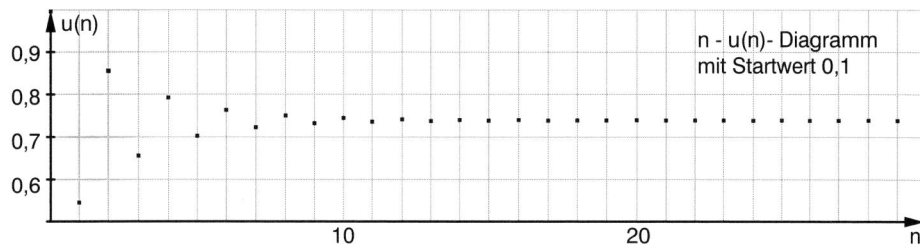

1. Die Folge $u_n = \cos u_{n-1}$ konvergiert gegen den Grenzwert $g \approx 0{,}739$.
   g ist Lösung der Gleichung $x = \cos x$, wie man im Spinnwebdiagramm sehen kann. Unterschiedliche Startwerte führen zu demselben Grenzwert.

2. Die Folge $u_n = \sin u_{n-1}$ konvergiert für alle Startwerte gegen 0, $u_n = \tan u_{n-1}$ divergiert für $u_0 \neq k \cdot \pi, k \in \mathbb{Z}$. Die Folge $u_n = (u_{n-1})^2$ konvergiert für $|u_0| < 1$ gegen 0, die Folge $u_n = \sqrt{u_{n-1}}$ konvergiert für $u_0 > 0$ gegen 1.

3. Die Folge hat zwei Häufungspunkte. Es sind die Koordinaten des Schnittpunktes der Cosinuskurve mit der Arcussinuskurve, $x \approx 0{,}695$ und $y \approx 0{,}768$.

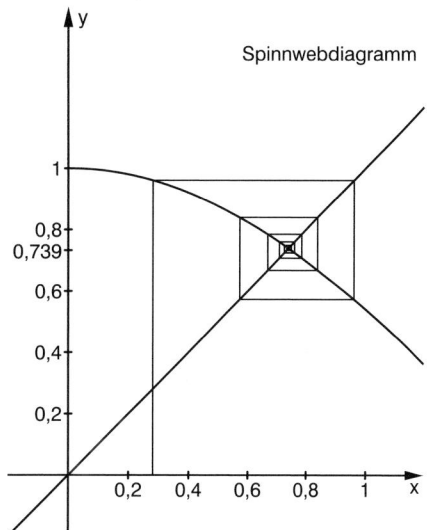

Spinnwebdiagramm

Aufgabe 4 Fibonacci-Zahlen und goldener Schnitt M. EBENHÖH

Die Zahl $\frac{1}{2}\left(\sqrt{5} - 1\right) \approx 0{,}618$ teilt die Strecke der Länge 1 im Verhältnis des goldenen Schnitts.

Addiert man –von 0 beginnend– fortwährend $\frac{1}{2}\left(\sqrt{5} - 1\right)$ und zieht immer dann 1 ab, wenn das Ergebnis die Zahl 1 überschreitet, so gewinnt man eine Folge (c_n) „goldener Schnitt-Folge", die folgender Zuordnung entspricht:

$c_1 = 0, \qquad c_n = c_{n-1} + \frac{1}{2}\left(\sqrt{5} - 1\right) \bmod 1 \quad$ mit $n \geq 2, n \in \mathbb{N}$

Die Fibonacci-Folge wird folgendermaßen definiert:

$a_1 = 1, \qquad a_2 = 1, \qquad a_n = a_{n-1} + a_{n-2}$ mit $n \geq 3, n \in \mathbb{N}$

1. Berechnen Sie die ersten 10 Folgenglieder der Fibonacci-Folge. Untersuchen Sie dann die Folge der Quotienten zweier aufeinander folgender Fibonacci-Zahlen:

$$\left(\frac{a_{n-1}}{a_n}\right)_{n\in\mathbb{N}}$$ Beweisen Sie das offensichtliche Ergebnis.

2. Stellen Sie die Folge (c_n) grafisch dar. Hat die Folge Häufungspunkte?

Variieren Sie in der Eingabe die Zahl $\frac{1}{2}\left(\sqrt{5}-1\right)$ durch eine rationale Näherung.

Lösung	11	12	13	GK	LK	Unt	Pro	Kl	Abi	GTR	CAS
4	×					×		×		×	

1. Fibonacci-Folge: 1 1 2 3 5 8 13 21 34 55 89 144 ...
   Quotientenfolge: 1 0,5 0,667 0,6 0,625 0,615 0,619 0,617 0,618 0,618 ...

   Die Quotientenfolge konvergiert offensichtlich gegen $\frac{1}{2}\left(\sqrt{5}-1\right)$.

Es gilt: $\dfrac{1}{q_n}=\dfrac{a_{n+1}}{a_n}=\dfrac{a_n+a_{n-1}}{a_n}=1+q_{n-1}$

Falls es einen Grenzwert g gibt, gilt $\lim\limits_{n\to\infty} q_n = \lim\limits_{n\to\infty} q_{n-1} = q$,

also $q^2+q-1=0$.   Lösungen der quadratischen Gleichung sind

$q_1=\frac{1}{2}\left(\sqrt{5}-1\right)$ und $q_2=-\frac{1}{2}\left(\sqrt{5}+1\right)$.

Beweis der Konvergenz (durch Abschätzung der Differenz):

$q_{n-1}-q=\dfrac{1}{q_n}-1-q=\dfrac{1}{q_n}-1-\left(\dfrac{1}{q}-1\right)=\dfrac{1}{q_n}-\dfrac{1}{q}=-\dfrac{1}{q\cdot q_n}(q_n-q)$

$q_n-q=-q\cdot q_n\left(q_{n-1}-q\right)$

Da $q < 1$ und alle $q_n \le 1$ sind, nimmt die Differenz $|q_n-q|$ jeweils um mindestens den Faktor q ab, konvergiert also schneller als die geometrische Folge gegen 0.

2. Es entsteht ein sehr regelmäßiges Muster. Jeder Wert, der hinzu kommt, füllt genau die größte Lücke im Intervall [0; 1] aus. (Daher ist es auch zu erklären, dass der goldene Schnitt überall da in der Natur auftaucht, wo Strukturen so angeordnet sind, dass sie sich möglichst wenig behindern). Jede Zahl im Intervall [0; 1] ist Häufungspunkt. Arbeitet man mit Näherungswerten, so verändert sich das Muster und die Werte sind nicht mehr so gleichmäßig verteilt.

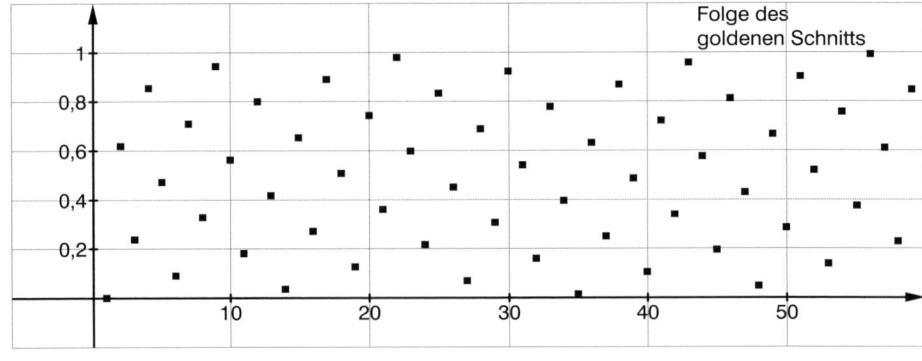

Untersuchen Sie die Iteration an der „Hutfunktion": $f(x) = \begin{cases} 2x+4 & \text{für } -4 \le x \le 0 \\ -2x+4 & \text{für } 0 < x \le 4 \end{cases}$

1. Welcher Art sind die Fixpunkte?

2. Zeigen Sie, dass alle ganzen Zahlen im Intervall $[-4;\,4]$ zum linken Fixpunkt iteriert werden, und dass es unendlich viele Zahlen in diesem Intervall gibt, die ebenfalls zum linken Fixpunkt iteriert werden. Zeigen Sie, dass die Menge „dicht" ist, d. h., dass zwischen zwei beliebigen Elementen dieser Menge immer noch ein weiteres Element dieser Menge liegt.

3. Berechnen Sie mindestens 7 Startwerte, mit denen der andere Fixpunkt erreicht wird. Geben Sie wie in Aufgabe 2 die Menge aller Startwerte an, die zu diesem Fixpunkt iteriert werden. Vergleichen Sie die beiden Mengen.

4. Iterieren Sie die Startwerte $\frac{1}{7}$ und $0{,}143$ mit dem Taschenrechner. Fertigen Sie eine Tabelle an, und diskutieren Sie ausführlich die Ergebnisse.

5. Iterieren Sie die Startwerte $\frac{1}{5}, \frac{1}{9}$ und $\frac{1}{11}$. Welche Vermutung ergibt sich? Überprüfen Sie diese Vermutung und versuchen Sie, diese Vermutung zu begründen.

Lösung	11	12	13	GK	LK	Unt	Pro	Kl	Abi	GTR	CAS
5	×					×		×		×	

Voraussetzungen: „attraktiver und repulsiver Fixpunkt", Spinnwebdiagramm

1. Bei f handelt es sich um eine Selbstabbildung des Intervalls $[-4;\,4]$.
   Zwei Fixpunkte sind vorhanden,
   F_1 mit $(-4\,|-4)$ und F_2 mit $\left(\frac{4}{3}\,\Big|\,\frac{4}{3}\right)$.

   Beide sind repulsiv, da die Steigungen der beiden Geraden betragsmäßig größer als 1 sind. Daher sind die Ergebnisse von 2 und 3 überraschend.

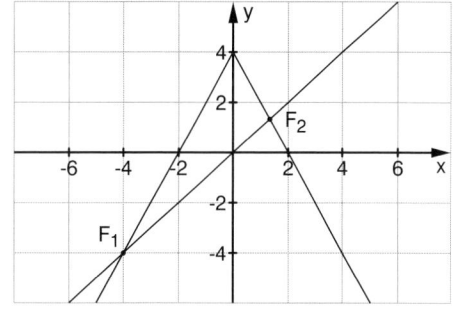

2. Alle ganzen Zahlen im Intervall $[-4;\,4]$ werden zum Fixpunkt $(-4\,|-4)$ hin iteriert.

   Auch alle Vielfachen von 0,5 in diesem Intervall werden zu F_1 hin iteriert, denn beim ersten Iterationsschritt werden ganze Zahlen daraus.

   Dasselbe gilt auch für die Vielfachen von 0,25; 0,125; ... . Die Menge aller Zahlen, die zum linken Fixpunkt hin iteriert werden, ist also „dicht", denn zwischen je zwei beliebigen Zahlen der Menge liegt immer noch eine weitere Zahl, die dazu gehört.

3. Rückwärtsiteration zum Fixpunkt F_2 erfordert die Lösung der Gleichung $2x+4 = \frac{4}{3}$ oder $-2x+4 = \frac{4}{3}$. Man erhält nacheinander $\frac{4}{3};\ -\frac{4}{3};\ -\frac{8}{3};\ \frac{8}{3};\ \frac{10}{3};\ -\frac{10}{3};\ \frac{2}{3};\ -\frac{2}{3}$.
   Die Menge umfasst also alle „echten" Drittel im Intervall $[-4;\,4]$, und damit natürlich auch alle „echten" Sechstel, Zwölftel, usw. Auch diese Menge ist dicht, und dennoch überdecken die beiden Mengen aus 2 und 3 nicht das gesamte Intervall.

4. Bei jedem Iterationsschritt verdoppeln sich die Abweichungen. Während die Iteration von $\frac{1}{7}$ auf einen Dreierzyklus hinausläuft, ist bei 0,143 kein System erkennbar.

Schritt	1	2	3	4	5	6	7	8	9
Startwert $\frac{1}{7}$	$3\frac{5}{7}$	$-3\frac{3}{7}$	$-2\frac{6}{7}$	$-1\frac{5}{7}$	$\frac{4}{7}$	$2\frac{6}{7}$	$-1\frac{5}{7}$	$\frac{4}{7}$	$2\frac{6}{7}$
Startwert 0,143	3,714	−3,428	−2,856	−1,712	0,576	2,848	−1,696	0,608	2,784
Differenz	$2{,}86\cdot10^{-4}$	$5{,}71\cdot10^{-4}$	$1{,}14\cdot10^{-3}$	$2{,}29\cdot10^{-3}$	$4{,}57\cdot10^{-3}$	$9{,}14\cdot10^{-3}$	0,018	0,037	0,073

5. Iteration von $\frac{1}{5}$ führt zu einem Zweierzyklus, Iteration von $\frac{1}{9}$ ergibt einen Dreierzyklus, Iteration von $\frac{1}{11}$ ergibt einen Fünferzyklus.

Vermutung: Alle Brüche $\frac{1}{n}$ führen zu Zyklen.

Test der Vermutung: $\frac{1}{13}$ ergibt Sechserzyklus; $\frac{1}{15}$ ergibt Viererzyklus; $\frac{1}{17}$ ergibt Viererzyklus; $\frac{1}{19}$ ergibt Neunerzyklus ...

Begründung für die Zyklen: Von einem Bruch $\frac{1}{n}$ gibt es nur endlich viele Vielfachen im Intervall [−4; 4]. Die Iteration mit 2x + 4 bzw. −2x + 4 ergibt immer ein Vielfaches von $\frac{1}{n}$. Also muss nach einer endlichen Zahl von Iterationsschritten wieder ein Wert erscheinen, der bereits vorhanden war.

Aufgabe 6 — Unglaubliche Divergenz

A. GUNDLACH

Man will Ziegelsteine wie im Bild rechts übereinander legen, sodass man mit jedem neuen Stein auch möglichst viel an Länge gewinnt. Man nimmt an, dass die Steine aus einem völlig homogenen Material bestehen.

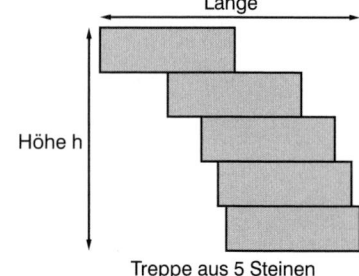

Treppe aus 5 Steinen

1. Wie viele Steine kann man so übereinander legen, ohne dass die „Treppe" kippt?

2. Wie lang kann eine solche „Treppe" werden?

3. Wie viele Steine benötigt man mindestens, um eine „Treppe" mit einer Länge von über 1m zu bauen, wenn alle Steine 20 cm lang sind?

4. Wie hoch ist die „Treppe" aus Aufgabe 3, wenn die Steine 5cm hoch sind? Gibt es eine Anzahl n von Steinen, von der ab die Höhe der „Treppe" größer ist als ihre Länge?

Hinweis:

Wenn n Steine übereinander liegen, kann man einen neuen Stein unter diese „Treppe" schieben, sodass die linke Kante des neuen Steins unter dem Schwerpunkt der „Treppe" aus n Steinen liegt.

2 und 3 Steine

Bei einem homogenen Stein liegt der Schwerpunkt in der Mitte. Bei einer „Treppe" aus zwei Steinen liegt dann der gemeinsame Schwerpunkt genau zwischen S_1 und S_2. Wir schieben den dritten Stein soweit *unter* die „Treppe" aus zwei Steinen, bis seine Kante genau unter der Position null liegt, also unter dem gemeinsamen Schwerpunkt der ersten beiden Steine. Dadurch erreichen wir einen möglichst großen Längenzuwachs.

Die Lage des neuen gemeinsame Schwerpunktes ergibt sich als arithmetisches Mittel der Positionen der drei Einzelschwerpunkte:

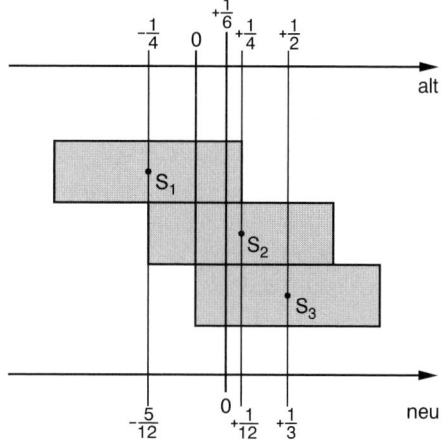

$$\frac{(-1/4)+(+1/4)+(+1/2)}{3} = +\frac{1}{6}$$

Wir setzen die Position des neuen gemeinsamen Schwerpunktes wieder auf null.

Für die neue Lage der Einzelschwerpunkte gilt $\left(-\frac{5}{12}\right)+\left(+\frac{1}{12}\right)+\left(+\frac{1}{3}\right)=0$.

Für die Länge s_3 der „Treppe" ergibt sich $s_3 = 1\ell+\frac{1}{2}\ell+\frac{1}{4}\ell = \left(1+\frac{1}{2}+\frac{1}{4}\right)\ell$, wobei ℓ die Länge eines Steins bezeichnet.

n Steine

Den n-ten Stein schiebt man wieder mit der Kante unter null, d. h. bis zum Schwerpunkt der Treppe aus n − 1 Steinen. Die Position des neuen gemeinsamen Schwerpunktes ergibt sich als arithmetisches Mittel aus den Positionen der n Einzelschwerpunkte. Er liegt dann bei $\frac{1}{2n}$, da die Summe der n-1 Positionen null ist.

Für die Länge s_n ergibt sich $s_n = 1\ell+\frac{1}{2}\ell+\frac{1}{4}\ell+...+\frac{1}{2(n-1)}\ell = \left(1+\frac{1}{2}+\frac{1}{4}+...+\frac{1}{2(n-1)}\right)\ell$.

1. Auf die oben beschriebene Weise kann man beliebig viele Steine übereinander legen, ohne dass die „Treppe" kippt. Jeder neue Stein wird so unter eine „Treppe" geschoben, dass seine Kante genau unter dem Schwerpunkt der „Treppe" liegt.

2. Die Partialsummenfolge der Längen s_n ist divergent, denn es gilt:

   $$s_n = 1\ell+\frac{1}{2}\ell\left(1+\frac{1}{2}+\frac{1}{3}+\frac{1}{4}+\frac{1}{5}...+\frac{1}{n-1}\right)$$

   In der Klammer stehen die Glieder der *harmonischen Reihe*, deren Divergenz wir hier als bekannt voraussetzen. Die Länge einer solchen „Treppe" kann also theoretisch über alle Grenzen wachsen. Dies ist praktisch jedoch nicht zu realisieren.

3. Man definiert für den Rechner die Funktion $s(x)=20 +\sum\limits_{i=1}^{x-1} \frac{20}{2i}$.

   Durch Probieren erhält man für x = 1675 erstmals eine Länge über 1m.

4. Die „Treppe" hat mit 1675 Steinen bereits eine Höhe von 83,75m. Durch Probieren erhält man, dass die Höhe einer „Treppe" mit 10 Steinen bereits größer ist als ihre Länge.

13

Hinweis: Die folgenden Aufgaben eignen sich gut zur Vorbereitung der Stammfunktion.

Teil A

Im nebenstehenden Bild ist der Graph f' der Ableitungsfunktion von f gegeben.
Es gilt zusätzlich $f(0) = 0$.

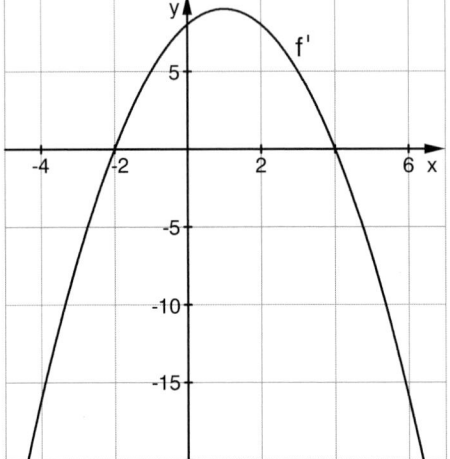

1. Skizzieren Sie nur mithilfe dieser Informationen den ungefähren Verlauf des Graphen von f.

2. Begründen Sie mithilfe des Graphen f':
   a) f hat genau einen Tiefpunkt und einen Hochpunkt.
   b) f hat genau einen Wendepunkt, dieser liegt an der Stelle $x_w = 1$.
   c) Die Tangente im Wendepunkt hat eine positive Steigung.
   d) f ist im Intervall $[-2 ; 4]$ streng monoton wachsend.

3. Bestimmen Sie die Funktionsgleichung der abgebildeten Parabel f'. Der Scheitelpunkt liegt bei $(1|9)$ und $f'(2) = 8$. Ermitteln Sie daraus die Funktionsgleichung von f, bestimmen Sie die Nullstellen, die Koordinaten des Wendepunktes und die Gleichung der Wendetangente.

Teil B

Im nebenstehenden Bild ist der Graph f' der Ableitungsfunktion von f gegeben.

Es gilt zusätzlich $f(0) = 0$.

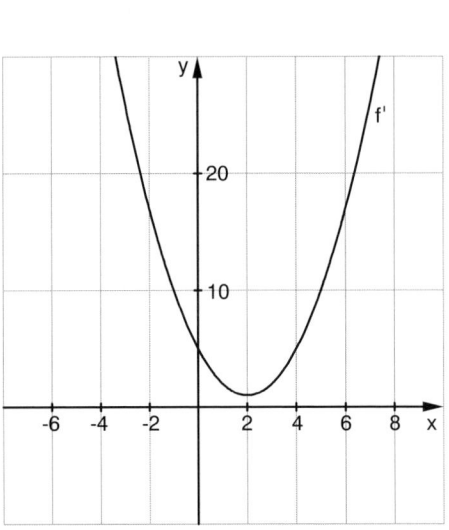

1. Skizzieren Sie nur mithilfe dieser Informationen den ungefähren Verlauf des Graphen von f.

2. Begründen Sie mithilfe des Graphen von f':
   a) f hat keine lokalen Extrema.
   b) f hat genau einen Wendepunkt, dieser liegt an der Stelle $x_W = 2$.
   c) Die Tangente im Wendepunkt hat eine positive Steigung.
   d) f ist im ganzen Definitionsbereich streng monoton wachsend.

3. Bestimmen Sie die Funktionsgleichung der abgebildeten Parabel f'. Der Scheitelpunkt liegt bei $(2|1)$ und es gilt $f'(3) = 2$. Ermitteln Sie daraus die Funktionsgleichung von f, bestimmen Sie die Nullstellen, die Koordinaten des Wendepunktes und die Gleichung der Wendetangente.

Teil C

Im nebenstehenden Bild ist der Graph f′ der Ableitungsfunktion von f gegeben.
Es gilt zusätzlich f(0) = 0.

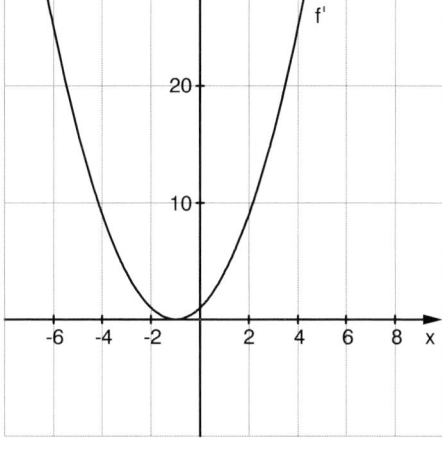

1. Skizzieren Sie nur mithilfe dieser Informationen den ungefähren Verlauf des Graphen von f.

2. Begründen Sie mithilfe des Graphen von f′:
   a) f hat keinen Extremwert.
   b) f hat genau einen Wendepunkt, dieser ist ein Sattelpunkt.
   c) Die Tangente im Wendepunkt hat keine negative Steigung.
   d) f ist im ganzen Definitionsbereich streng monoton wachsend.

3. Bestimmen Sie die Funktionsgleichung der abgebildeten Parabel f′. Der Scheitelpunkt liegt bei $(-1|0)$ und es gilt f′(0) = 1.

   Ermitteln Sie daraus die Funktionsgleichung von f, bestimmen Sie die Nullstellen, die Koordinaten des Wendepunktes und die Gleichung der Wendetangente.

Teil D

Im nebenstehenden Bild ist der Graph f″ der zweiten Ableitungsfunktion von f gegeben.
Es gilt zusätzlich f(0) = 0 und f′(−1) = 0.

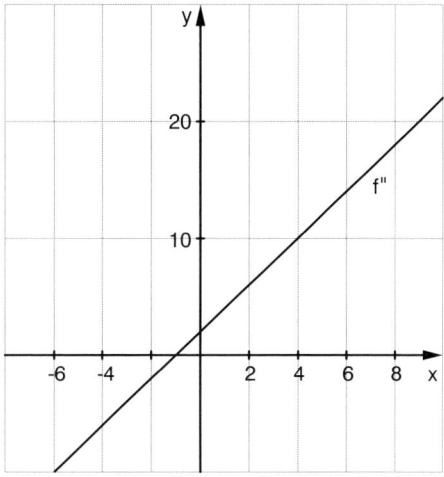

1. Skizzieren Sie nur mithilfe dieser Informationen den ungefähren Verlauf des Graphen von f.

2. Begründen Sie mithilfe des Graphen von f″ und der Zusatzinformation über f′:
   a) f′ hat an der Stelle x = −1 einen Tiefpunkt.
   b) f hat genau einen Wendepunkt, dieser ist ein Sattelpunkt.
   c) Der Graph von f geht am Wendepunkt von einer Rechts- in eine Linkskurve über.

   d) f ist im ganzen Definitionsbereich streng monoton wachsend.

3. Bestimmen Sie die Funktionsgleichung der abgebildeten Geraden, wobei f″(0) = 2 ist. Ermitteln Sie daraus die Funktionsgleichungen von f′ und f, bestimmen Sie von f die Nullstellen, die Koordinaten des Wendepunktes und die Gleichung der Wendetangente.

Teil A

1. und 2.

a) An der Stelle x = −2 ist eine Nullstelle
von f′, wo f′ das Vorzeichen von − nach
+ wechselt. Also ist bei x = −2 ein Tiefpunkt von f.
An der Stelle x = 4 ist eine Nullstelle von
f′, wo f′ das Vorzeichen von + nach −
wechselt. Also ist bei x = 4 ein Hochpunkt
von f.

b) An der Stelle x = 1 ist eine waagerechte
Tangente mit Vorzeichenwechsel, also ist
$f''(1) = 0$.

c) und d)
Zwischen −2 und 4 ist f′ positiv, also ist
f streng monoton steigend. Dies gilt auch
für die Wendetangente an der Stelle x = 1.

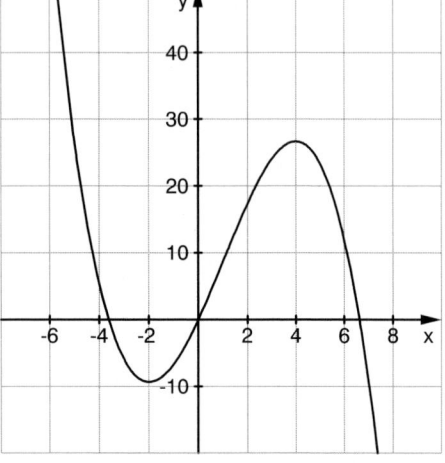

3. $f'(x) = -(x-1)^2 + 9$ und $f(x) = -\frac{1}{3}x^3 + x^2 + 8x$.

Nullstellen von f sind bei $x_1 = 0$; $x_2 = \frac{3}{2} - \frac{1}{2}\sqrt{105} \approx -3{,}6$; $x_3 = \frac{3}{2} + \frac{1}{2}\sqrt{105} \approx 6{,}6$.

Wendepunkt $W\left(1 \mid 8\frac{2}{3}\right)$ Wendetangente $y = 9x - \frac{1}{3}$.

Teil B

$f'(x) = x^2 - 4x + 5$ $\qquad f(x) = \frac{1}{3}x^3 - 2x^2 + 5x$ $\qquad$ NSt. x = 0 $\qquad W\left(2 \mid 4\frac{2}{3}\right)$

Tangente $y = x + \frac{8}{3}$

Teil C

$f'(x) = x^2 + 2x + 1$ $\qquad f(x) = \frac{1}{3}x^3 + x^2 + x$ $\qquad$ NSt. x = 0 $\qquad W\left(-1 \mid -\frac{1}{3}\right)$

Tangente $y = -\frac{1}{3}$

Teil D

$f''(x) = 2x + 2$ $\qquad f' = x^2 + 2x + 1$ $\qquad f(x) = \frac{1}{3}x^3 + x^2 + x$

NSt. x = 0 $\qquad W\left(-1 \mid -\frac{1}{3}\right)$

Tangente $y = -\frac{1}{3}$.

Kleine Denkaufgaben zur Differentialrechnung

G. SCHMIDT

Teil A

Untersuchen Sie, ob die folgenden Aussagen wahr sind.
Begründen Sie Ihre Entscheidung und geben Sie eventuell ein Gegenbeispiel an.

1. Eine streng monoton wachsende Funktion kann nicht beschränkt sein.

2. Eine zur y-Achse symmetrische Funktion kann nicht streng monoton wachsend sein.

3. Eine zur y-Achse symmetrische Funktion kann nicht monoton wachsend sein.

4. Wenn eine Funktion ein globales Maximum hat, dann ist sie nach oben beschränkt.

5. Wenn eine Funktion nach oben beschränkt ist, dann hat sie ein globales Maximum.

6. Wenn f streng monoton steigend in ID_f ist, dann gilt

$$\frac{f(x_2)-f(x_1)}{x_2-x_1} \neq 0 \quad \text{für alle } x_1, x_2 \in ID_f.$$

Teil B

Gegeben ist die Funktion f durch $f(x) = x^2$. Dann gilt:

1. $f'(1) = f'(-1)$.

2. $m(1; 1,1) > f'(1) > m(1; 0,9)$, wobei $m(1; 1,1)$ die Steigung der Sekante zwischen den beiden Punkten $(1 \mid f(1))$ und $(1,1 \mid f(1,1))$ bedeuten soll.

3. Die Sekante zwischen den beiden Punkten $P(-2 \mid 4)$ und $Q(2 \mid 4)$ hat die gleiche Steigung wie die Tangente im Punkt $(0 \mid 0)$.

4. $\lim\limits_{h \to 0} \frac{f(x+h)-f(x)}{x+h-x} = \lim\limits_{h \to 0} \frac{f(x-h)-f(x)}{x-h-x}$.

Lösung	11	12	13	GK	LK	Unt	Pro	Kl	Abi	GTR	CAS
8	×					×		×		×	

Teil A

1. Falsch aus mehreren Gründen: ID_f kann beschränkt sein und falls nicht, ist $f(x) = \arctan(x)$ ein Gegenbeispiel.

2. Wahr, $f(x) > f(-x)$ widerspricht $f(x) = f(-x)$.

3. Falsch, die konstante Funktion erfüllt beide Bedingungen.

4. Wahr, das folgt direkt aus der Definition des globalen Maximums.

5. Falsch, Gegenbeispiele: $f(x) = \arctan x$ und $f(x) = -\frac{1}{x^2}$.

6. Wahr, wenn $x_2 > x_1 \quad \Rightarrow \quad f(x_2) > f(x_1) \quad \Rightarrow \quad \frac{f(x_2)-f(x_1)}{x_2-x_1} > 0$,

   entsprechende Überlegung auch für $x_2 < x_1$.

Teil B

1. Falsch, denn $f'(1) = 2$ und $f'(-1) = -2$.

2. Wahr, denn $m(1; 1,1) = 2,1$ und $m(1; 0,9) = 1,9$.

3. Wahr, beide haben die Steigung 0.

4. Wahr, denn da f differenzierbar ist, müssen in jedem Punkt der rechtsseitige und der linksseitige Grenzwert der Sekantensteigung übereinstimmen.

Aufgabe 9 — Vergleich zweier Polynomfunktionen   H. KÖRNER

Untersuchen und vergleichen Sie die beiden Funktionen:

$$f_1(x) = x^4 + \tfrac{1}{2}x^3 + x \qquad \text{und} \qquad f_2(x) = x^4 + \tfrac{1}{2}x^2 + x$$

Lösung	11	12	13	GK	LK	Unt	Pro	Kl	Abi	GTR	CAS
9	×					×		×		×	

f_1: Nullstellen $(0\,|\,0)$ und $(-1,2\,|\,0)$

Tiefpunkt $(-0,78\,|\,-0,65)$

Wendepunkte $(-0,25\,|\,-0,25)$

und $(0\,|\,0)$

f_2: Nullstellen $(-0,84\,|\,0)$ und $(0\,|\,0)$

Tiefpunkt $(-0,5\,|\,-0,31)$

kein Wendepunkt

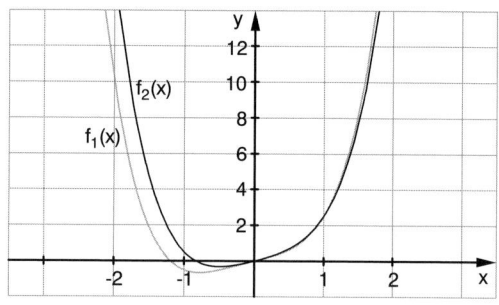

Die Graphen von f_1 und f_2 sind im Bereich [0; 1] kaum zu unterscheiden. Beide Funktionen haben 0 als Nullstelle. Die Graphen berühren sich in dem gemeinsamen Punkt $(0\,|\,0)$. Sie schneiden sich im Punkt $(1\,|\,2,5)$. Das Krümmungsverhalten ist verschieden. Während f_2 stets links gekrümmt verläuft, liegt bei f_1 zwischen $x = -0,25$ und $x = 0$ eine Rechtskrümmung vor.

Aufgabe 10 — Sinus- und Polynomfunktionen   M. EBENHÖH

Gesucht ist eine Polynomfunktion dritten [5., 7., n-ten] Grades mit $f(0) = 0$, die im Ursprung in 3 [5, 7, n] Ableitungen mit der Sinusfunktion übereinstimmt.
Warum wählt man n ungerade? Vergleichen Sie die Graphen für n = 3, n = 5 und n = 7.
Erläutern Sie Ihre Beobachtungen und formulieren Sie allgemeine Aussagen.

$f(x) = \sin x$

$p_3(x) = x - \frac{1}{6}x^3$

$p_5(x) = x - \frac{1}{6}x^3 + \frac{1}{120}x^5$

$p_7(x) = x - \frac{1}{6}x^3 + \frac{1}{120}x^5 - \frac{1}{5040}x^7$

$p_n(x) = x - \frac{1}{6}x^3 + \frac{1}{120}x^5 - \ldots (-1)^{\frac{n-1}{2}} \frac{1}{n!}x^n$

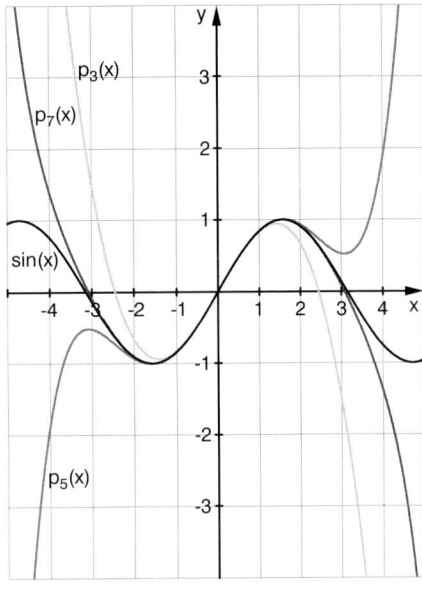

Die Steckbriefaufgabe ist ohne großen Rechenaufwand zu lösen. Alle geraden Potenzen fallen weg, weil alle geraden Ableitungen der Sinusfunktion im Ursprung 0 sind.

Man sieht, dass die Sinusfunktion im Bereich des Ursprungs immer besser approximiert wird, je höher n ist. Eine Polynomfunktion n-ten Grades kann höchstens $n-1$ Extrempunkte haben, d.h. jede Polynomfunktion weicht ab irgendeinem x-Wert sehr stark von der Sinusfunktion ab.

Erweiterung:

Approximation der Cosinusfunktion und der e-Funktion. Im Leistungskurs kann auch mithilfe der Taylorpolynome die Fehlerabschätzung durchgeführt werden.

Aufgabe 11 — Ähnliche Kurven

G. STEINBERG

Untersuchen Sie die Schar $f_k: x \mapsto \frac{1}{3}k^2x^3 - x$ mit $k > 0$

Wählen Sie selbst verschiedene Werte für k, stellen Sie Fragen an die Schar und versuchen Sie, diese Fragen zu beantworten.
Gibt es eine Abbildung, die eine Kurve aus einer anderen entstehen lässt?

Erweiterungen:

1. Untersuchen Sie die Tangenten an die Scharkurven.

2. *Im Grundkurs kann bei Behandlung der Integralrechnung der Blick auf Flächeninhalte gelenkt werden.*
   Bestimmen Sie den Inhalt der Fläche, die vom Graphen von f_1 mit der x-Achse eingeschlossen wird. Wie kann man daraus sofort auf den entsprechenden Inhalt für beliebige Kurven f_k schließen?

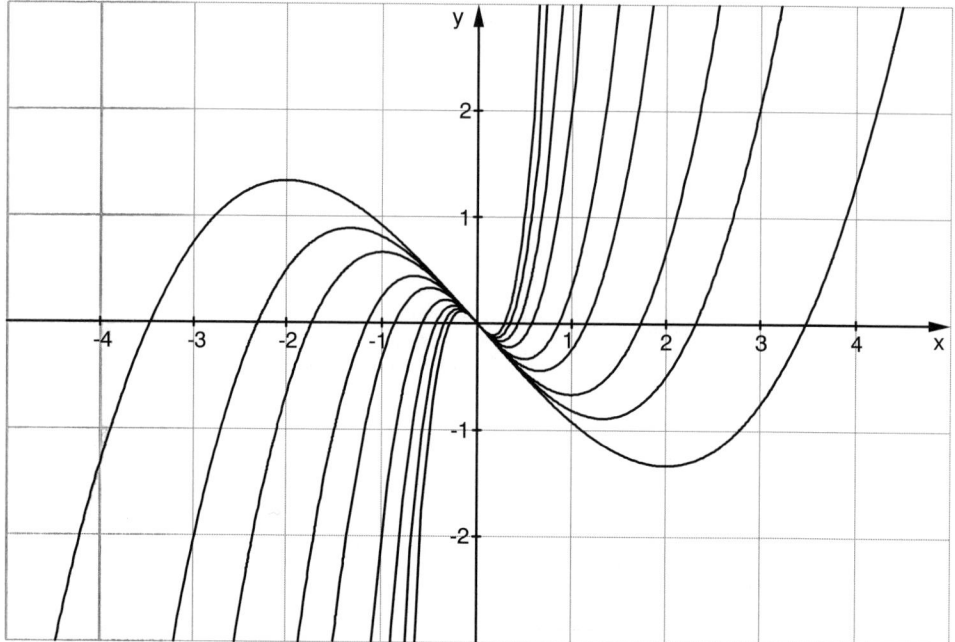

Man weiß, dass alle Scharkurven einen Wendepunkt in 0 haben (Symmetriepunkt); man sieht, dass alle Scharkurven einen Hoch und einen Tiefpunkt haben, die offenbar auf einer Geraden liegen $\left(y = -\frac{2}{3}x\right)$, was leicht zu bestätigen ist. Man vermutet, dass die Scharkurven zueinander ähnlich sind, also aus einer von ihnen durch zentrische Streckung von 0 aus zu erzeugen sind.

Beweis: $f_1 : y = \frac{1}{3}x^3 - x$;

Die zentrische Streckung mit $\overline{x} = \frac{1}{k}x$

und $\overline{y} = \frac{1}{k}y$

liefert $\overline{f_1}$: $\quad k \cdot \overline{y} = \frac{1}{3}\left(k\overline{x}\right)^3 - k\overline{x} \quad \Rightarrow \quad \overline{y} = \frac{1}{3}k^2\overline{x}^3 - \overline{x}$.

Erweiterungen:

1. $t: y = -x$ ist Tangente in 0 an alle Scharkurven.

   Die Tangenten in den anderen Nullstellen $\pm\frac{\sqrt{3}}{k}$ haben die Steigung 2, sind also parallel zueinander (vgl. „Ähnlichkeit"!).

2. Für f_1 erhält man $A = \frac{3}{2}$. Wegen der Ähnlichkeit folgt daraus $A_k = \frac{3}{2} \cdot \frac{1}{k^2}$, was

   natürlich auch durch $\quad A_k = \left| 2 \cdot \int_0^{\frac{\sqrt{3}}{k}} f_k(x)\,dx \right| \quad$ bestätigt wird.

Finde den Funktionsterm!

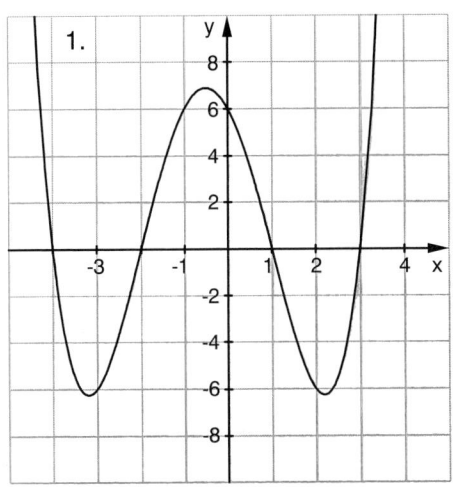

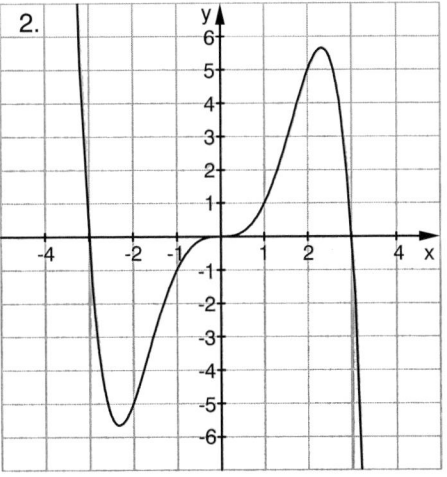

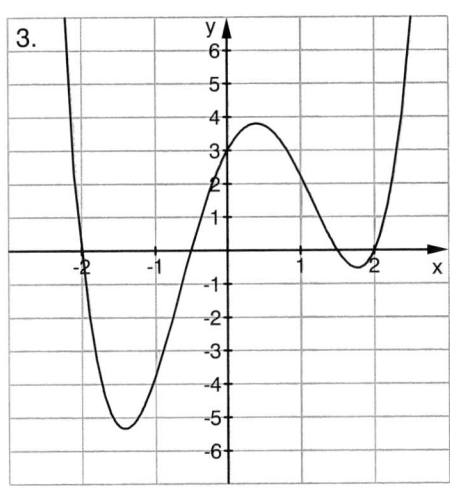

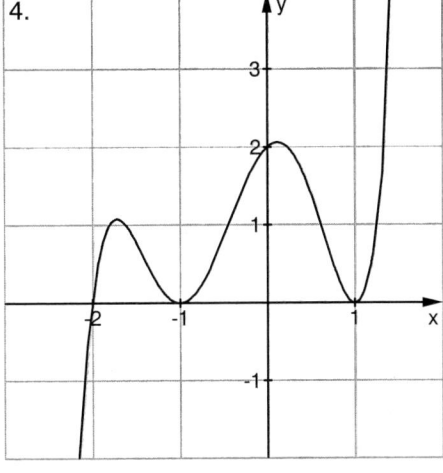

Lösung	11	12	13	GK	LK	Unt	Pro	Kl	Abi	GTR	CAS
12	×					×		×		×	

1. $f(x) = \frac{1}{4}(x-1)(x-3)(x+2)(x+4)$

2. $f(x) = -\frac{1}{8}x^3\left(x^2 - 9\right)$

3. $f(x) = \left(x^2 - 4\right)\left(x + \frac{1}{2}\right)\left(x - \frac{3}{2}\right)$

4. $f(x) = (x-1)^2(x+1)^2(x+2)$

Finde den Term der Ableitungsfunktion M. EBENHÖH

1. Teilen Sie den Graphen von f in Monotoniebereiche ein und skizzieren Sie den Graphen der Ableitungsfunktion.
   Die Ableitungsfunktion ist ein Polynom 4. Grades.

2. Ermitteln Sie zeichnerisch diejenigen Punkte, für die gilt:
   $f'(x) = 0$, bzw. $f'(x) = 3$.

3. Bestimmen Sie mithilfe der Ergebnisse von 1. und 2. den Term der Ableitungsfunktion.

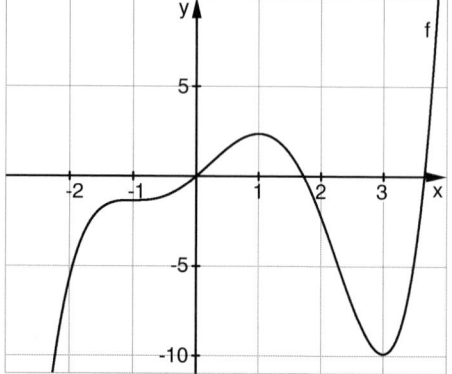

Lösung	11	12	13	GK	LK	Unt	Pro	Kl	Abi	GTR	CAS
13	×							×		×	

Ein Sattelpunkt an der Stelle $x = -1$ bedeutet, dass die Ableitungsfunktion dort eine doppelte Nullstelle hat.
Der Hochpunkt ist an der Stelle $x = 1$, der Tiefpunkt ist an der Stelle $x = 3$.
Daraus ergibt sich für die Ableitungsfunktion:

$$f'(x) = a\,(x+1)^2(x-1)(x-3)$$

Um a zu bestimmen, braucht man noch einen Punkt des Graphen. Aus der 2. Aufgabe ergibt sich der Punkt $(0\,|\,3)$.

Also ist $a = 1$.

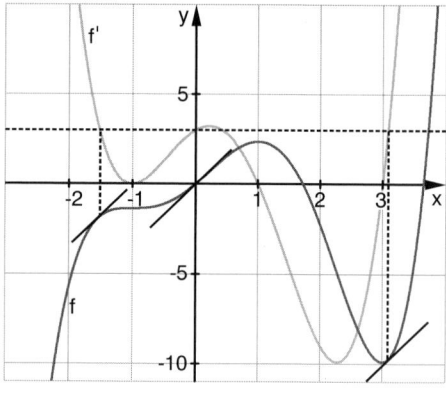

Aufgabe 14 „Mitteltangenten" M. EBENHÖH

Gegeben ist die Funktion f durch $f(x) = x^3 - 3x^2 - 10x + 24$.
Untersuchen Sie die Tangenten in den Punkten, deren x-Wert in der Mitte zwischen zwei Nullstellen liegt.

Die Nullstellen liegen bei $x_1 = -3$, $x_2 = 2$ und $x_3 = 4$.

Zeichnet man die gesuchten Tangenten, so stellt man fest, dass sie durch die dritte Nullstelle gehen.

Diese Beobachtung führt zu der Frage, ob dies allgemein gilt. Man wird vielleicht erst ein Gegenbeispiel suchen, bevor man sich an den allgemeinen Beweis wagt.

Sei

$f(x) = p \cdot (x - a) \cdot (x - b) \cdot (x - c)$

$f'(x) = p \cdot \left[3x^2 - 2(a + b + c) \cdot x + ab + bc + ac\right]$

$f'\left(\frac{a+b}{2}\right) = -\frac{p}{4}(a - b)^2$

$f\left(\frac{a+b}{2}\right) = -\frac{p}{8}(a - b)^2 (a + b - 2c)$

Tangenten an der Stelle $x = \frac{a+b}{2}$: $\qquad y = -\frac{p}{4}(a - b)^2 x + \frac{p}{4}(a - b)^2 c$

Die Nullstelle der Tangente liegt also bei $x = c$.

Aufgabe 15 — Parabelpaare

G. STEINBERG

1. Die Parabelpaare $(p_1; p_2)$ mit

   p_1: $f_a(x) = 4 - a \cdot x^2$ und

   p_2: $f_a(x) = \frac{1}{a} \cdot x^2$ mit $a \in \mathbb{R}^*_+$,

   schließen jeweils eine Fläche ein. Für welches a nimmt diese Fläche den größten Wert an? Wie groß ist im Extremfall der Schnittwinkel zwischen beiden Parabeln?

2. **LK:** Die Paare $(p_1; p_2)$ bilden Schnittwinkel der Größe δ. Untersuchen Sie δ in Abhängigkeit von a. Stellen Sie insbesondere fest, ob $\delta(a)$ für das im ersten Teil ermittelte a ein relatives Extremum annimmt und ob es Paare mit $\delta(a) = 90°$ gibt.

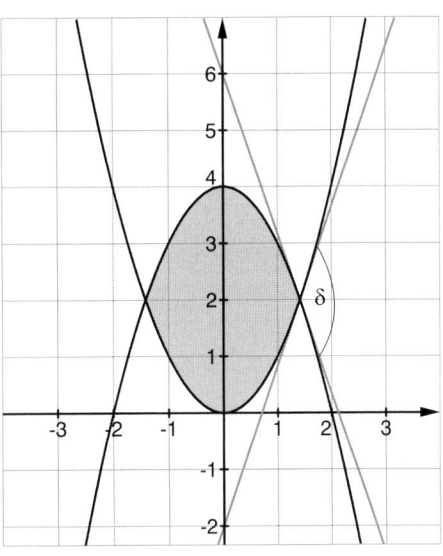

1. Die Parabeln schneiden sich in $S_{1/2}\left(\pm\dfrac{2\sqrt{a}}{\sqrt{a^2+1}}\ \bigg|\ \dfrac{4}{a^2+1}\right)$.

Für den Inhalt der eingeschlossenen Fläche erhält man mit $x_1 = \dfrac{2\sqrt{a}}{\sqrt{a^2+1}}$

$$A(a) = 2\cdot\int_0^{x_1}\left(4 - \frac{a^2+1}{a}x^2\right)dx = \frac{32\sqrt{a}}{3\sqrt{a^2+1}}\quad\text{und}\quad \frac{dA(a)}{da} = \frac{-16\left(a^2-1\right)}{3\sqrt{a}\cdot\sqrt{a^2+1}^{\,3}}.$$

Der größte Inhalt wird also für $a = 1$ angenommen. Damit gilt $A_{max} = \frac{16}{3}\sqrt{2}$.

Steigung von p_1 in S_1: $m_1 = -\dfrac{4a\sqrt{a}}{\sqrt{a^2+1}}$, von p_2 in S_1: $m_2 = \dfrac{4}{\sqrt{a\left(a^2+1\right)}}$,

für $a = 1$ also $m_1 = -2\sqrt{2}$, $m_2 = 2\sqrt{2}$ $\Rightarrow$ $\delta \approx 141{,}06°$.

2. Aus den Steigungen m_1 und m_2 ergibt sich

(*) $\tan(\delta) = \dfrac{-4\sqrt{a^2+1}^{\,3}}{\sqrt{a}\cdot\left(a^2-16a+1\right)}$. Setzt man $\frac{d\tan(\delta(a))}{da} = 0$ (mit CAS!), so erhält man:

Extremstellen a	$24-5\sqrt{23}$	1	$24+5\sqrt{23}$
$\tan(\delta)$	$-41{,}5692$	$\frac{4\sqrt{2}}{7} \approx 0{,}8081$	$-41{,}5692$
δ	$-88{,}62°$	$38{,}94°$	$-88{,}62°$

Aus (*) ergibt sich, dass für $a^2 - 16a + 1 = 0$ $\delta = 90°$ beträgt. Diese Stellen liegen in $a_{1/2} = 8 \mp 3\cdot\sqrt{7}$, also in $a_1 \approx 0{,}0627$ und $a_2 \approx 15{,}9373$.

Hinweis: Der Graph von (*) ist nur bei abschnittsweiser Darstellung zwischen den Polen zu überschauen!

Aufgabe 16 — Parabeln und Hyperbeln

G. STEINBERG

Gegeben sind die Kurvenscharen $f_a : x \mapsto \dfrac{x^2}{a^2}$ und $g_a : x \mapsto a^2 - \dfrac{1}{x^2}$ mit $a > 0$. Die Menge der Kurvenpaare $(f_a; g_a)$ ist hinsichtlich der Schnittpunktanzahl zu klassifizieren.

Erweiterungen:

1. Detailuntersuchung des „Berührfalls" (gemeinsame Tangente(n)?)
2. Gesucht ist ein Wert a, für den die von den Graphen über $\mathbb{R}_+$ eingeschlossene Fläche größer ist als 5 FE (Flächeneinheiten).

Lösung	11	12	13	GK	LK	Unt	Pro	Kl	Abi	GTR	CAS
16		×		×	■	×		×		×	■

$a > \sqrt[3]{2}$: $(f_a ; g_a)$ hat genau 4 Schnittpunkte

$a < \sqrt[3]{2}$: $(f_a ; g_a)$ hat keine Schnittpunkte

$a = \sqrt[3]{2}$: $(f_a ; g_a)$ hat genau 2 Berührpunkte.

Die Berührpunkte sind $\left(\pm\sqrt[6]{2} \;\middle|\; \dfrac{1}{\sqrt[3]{2}} \right)$;

die gemeinsame Tangente in $\left(\sqrt[6]{2} \;\middle|\; \dfrac{1}{\sqrt[3]{2}} \right)$

hat die Gleichung $y = \sqrt{2}\left(x - \sqrt[6]{2}\right) + \dfrac{1}{\sqrt[3]{2}}$.

Für $a = 2$ hat die über $\mathbb{R}_+$ eingeschlossene Fläche einen Inhalt von etwa 6,9 FE.

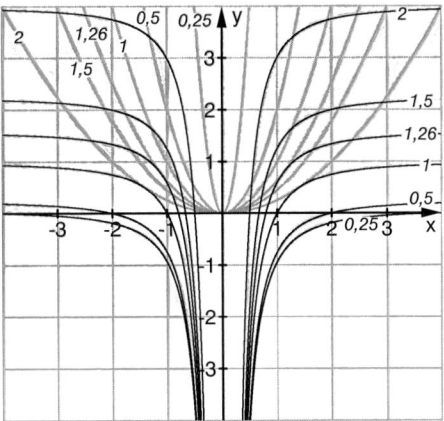

Schar-Analyse

IDEE: H. ALTHOFF

Gegeben ist die Funktionenschar $f_a : x \mapsto ax^2 + \dfrac{1}{x^2}$ $\qquad x \in \mathbb{R}^*$.

1. Für welche Werte von a kann der Graph keine lokalen Extrempunkte haben?

2. Begründen Sie, dass keiner der Graphen die x-Achse schneidet, wenn er einen lokalen Extrempunkt besitzt.

3. Ermitteln Sie die Ortslinien der Extrempunkte und der Wendepunkte.

Lösung	11	12	13	GK	LK	Unt	Pro	Kl	Abi	GTR	CAS
17		×		×	■	×		×		×	■

1. Tiefpunkte $T_{1/2}\left(\pm\sqrt[4]{\dfrac{1}{a}} \;\middle|\; 2\sqrt{a} \right)$ für $a > 0$.

2. Schnittpunkte mit der x-Achse
   $N_{1/2}\left(\pm\sqrt[4]{-\dfrac{1}{a}} \;\middle|\; 0 \right)$ nur für $a < 0$.

3. Wendepunkte $W_{1/2}\left(\pm\sqrt[4]{\dfrac{3}{-a}} \;\middle|\; -2\sqrt{\dfrac{-a}{3}} \right)$ für $a < 0$.
   Ortslinie der Wendepunkte:
   $y = \dfrac{-2}{x^2}$ für $a < 0$.
   Ortslinie der Extrempunkte:
   $y = \dfrac{2}{x^2}$ für $a > 0$.

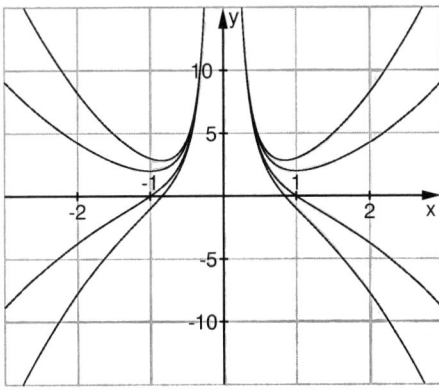

1. Begründen Sie anhand geeigneter Polynomfunktionen, dass die folgenden Sätze nicht umkehrbar sind:
   - Der Graph von f hat einen lokalen Extrempunkt $E(a|f(a)) \Rightarrow f'(a) = 0$.
   - Es gilt $f'(a) = 0$ und $f''(a) > 0$. $\Rightarrow$ Der Graph von f hat einen lokalen Tiefpunkt $T(a|f(a))$.
   - Der Graph von f hat einen Wendepunkt $W(b|f(b)) \Rightarrow f''(b) = 0$.

2. Erfinden Sie mithilfe abschnittsweise definierter Funktionen eine Funktion, die im Punkt $(1|1)$
   - einen Hochpunkt hat, obwohl $f'(1) \neq 0$ ist.
   - einen Wendepunkt hat, obwohl $f''(1) \neq 0$ ist.

Lösung	11	12	13	GK	LK	Unt	Pro	Kl	Abi	GTR	CAS
18	×					×		×		×	

1. $f(x) = x^3$ hat in $(0|0)$ keinen Extrempunkt, obwohl $f'(0) = 0$ ist.
   $f(x) = x^4$ hat in $(0|0)$ einen lokalen Tiefpunkt, aber $f''(0) = 0$.
   Für jede Gerade gilt $f''(x) = 0$ für alle x.

2. z. B. $f(x) = \begin{cases} x & \text{für } x < 1 \\ -x+2 & \text{für } x \geq 1 \end{cases}$ Hochpunkt in $(1|1)$, aber dort nicht differenzierbar

   z. B. $f(x) = \begin{cases} -(x-1)^2 + 1 & \text{für } x < 1 \\ (x-1)^2 + 1 & \text{für } x \geq 1 \end{cases}$ in $(1|1)$ nicht zweimal differenzierbar

Aufgabe
19

Tagestemperaturen

G. Steinberg

An einem Tag im Mai 1997 wurden folgende Temperaturen gemessen:

Uhrzeit	5 Uhr	9 Uhr	13 Uhr	17 Uhr	21 Uhr
Temperatur	8°C	9°C	14°C	15°C	12°C

1. Gesucht ist ein Polynom 4. Grades durch die 5 Punkte der Tabelle.

2. Gesucht ist ein Polynom 3. Grades durch die Punkte $(5|8)$, $(9|9)$, $(15|14,5)$ und $(21|12)$.

3. Vergleichen Sie die beiden Kurven.

4. Approximieren Sie die Messdaten durch eine Cosinusfunktion.

5. Berechnen Sie für alle drei Kurven jeweils die Temperaturen für 7 Uhr und für 14 Uhr und daraus den Tagesmittelwert nach der „Meteorologenformel":
   $T_M = 0,25 [T(7 \text{ Uhr}) + T(14 \text{ Uhr}) + 2 T(21 \text{ Uhr})]$.
   Vergleichen Sie mit den durch Integration berechneten Mittelwerten.

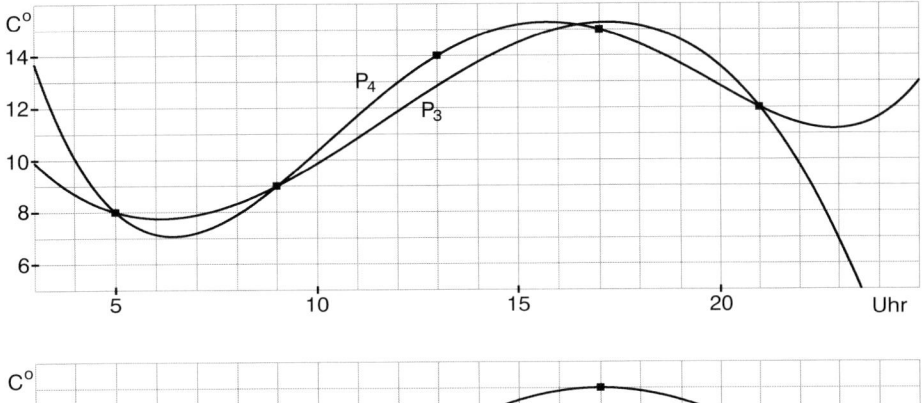

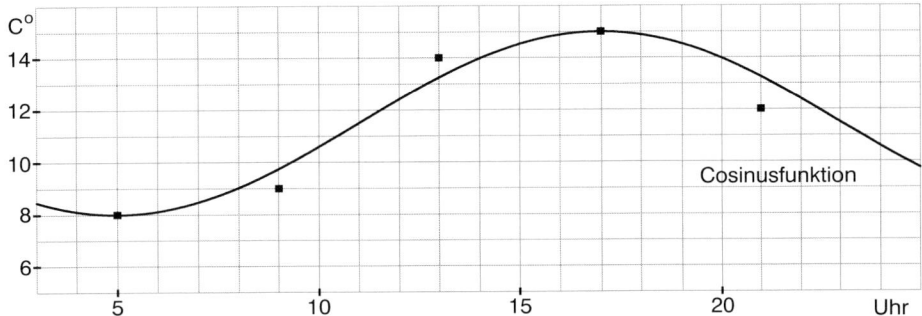

1. Lösung mit dem Rechner: $P_4(x) = \frac{1}{768} \cdot x^4 - \frac{5}{64} x^3 - \frac{607}{384} x^2 - \frac{769}{64} x + \frac{9603}{256}$

2. Lösung mit dem Rechner: $P_3(x) = -\frac{1}{90} x^3 + \frac{7}{18} x^2 - \frac{211}{60} x + \frac{69}{4}$

3. P_4 enthält zwar alle Daten exakt, wirkt aber vor 5 Uhr ziemlich falsch.
   P_3 wirkt vor 5 Uhr besser als P_4, nach 21 Uhr nicht so gut. Außerdem wurden die Daten von 13 Uhr und 17 Uhr durch einen Mittelwert ersetzt, deshalb enthält P_3 nicht alle Daten.

4. Die Aufgabe ist auch mit CAS nicht algebraisch zu lösen.
   Mögliche Überlegungen: Die Periode muss 24 Stunden betragen, die Differenz zwischen höchstem (bei 17 Uhr) und niedrigstem Wert (bei 5 Uhr) liefert die doppelte Amplitude; die vertikale Verschiebung wird durch den Mittelwert bestimmt, die horizontale Verschiebung muss so gewählt werden, dass das Maximum bei 17 Uhr liegt.
   Mögliches Ergebnis: $f(x) = 3{,}5 \cos\left(\frac{2\pi}{24}(x-17)\right) + 11{,}5$.

   Das ist sicher noch verbesserungsfähig!

5. T_M für P_4 ca. 11,5 °C, für P_3 ca. 11,4 °C, für die Cosinusfunktion ca. 12,2 °C.

   Durch Integration berechnete Mittelwerte: $T_M = \frac{1}{b-a} \int\limits_a^b f(x)\, dx = \frac{1}{16} \cdot \int\limits_5^{21} f(x)\, dx$

   Für P_4 ca. 12,0 °C, für P_3 ca. 11,9 °C, für die Cosinusfunktion ca. 12,2 °C.
   Und weiß man nun, wie warm es wirklich war?

Die alte Glasscheibe

G. STEINBERG

Aus einer Glasplatte (Abb.) ist das inhalt-größte Rechteck auszuschneiden.

11, GK: Wählen Sie a = 5 LE, b = 3 LE, q = 1 LE und untersuchen Sie die Fälle p_1 = 2 LE und p_2 = 1 LE.

LK: Wählen Sie a, b und q fest und untersuchen Sie das Problem in Abhängigkeit von p.

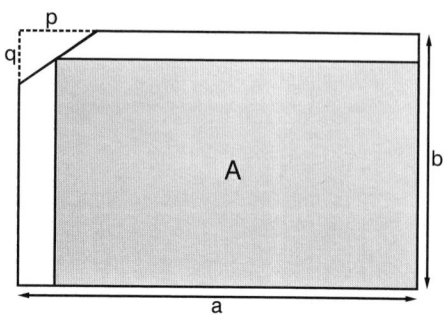

Lösung	11	12	13	GK	LK	Unt	Pro	Kl	Abi	GTR	CAS
20	×	×		×	×	×		×		×	■

Wir nennen die Breite des gesuchten Rechtecks x, die Höhe y. Es gilt (ermittelt aus einer Strahlensatzüberlegung oder einem geschickten analytischen Ansatz):

$$\frac{b-y}{q} = \frac{p-a+x}{p} \quad \text{und damit} \quad y = \frac{bp-pq+aq}{p} - \frac{q}{p}x$$

$$A(x) = \frac{bp-pq+aq}{p}x - \frac{q}{p}x^2$$

oder

$$A(y) = \frac{bp-pq+aq}{q}y - \frac{p}{q}y^2$$

$$\frac{dA(x)}{dx} = 0 \Leftrightarrow x_{max} = \frac{bp-pq+aq}{2q} \quad \text{und} \quad \frac{dA(y)}{dy} = 0 \Leftrightarrow y_{max} = \frac{bp-pq+aq}{2p}$$

(graph) y=4,5-0,5x

11, GK:

Für die angegebenen Maße ergibt sich

$A(y) = (2p + 5)\,y - py^2$, $y_{max} = \frac{2p+5}{2p}$, für p = 2 also $y_{max} = 2{,}25$, $x_{max} = 4{,}5$, ein „glaubwürdiges" Ergebnis, für p = 1 dagegen $y_{max} = 3{,}5$ (!), $x_{max} = 3{,}5$, ein „unmögliches" Ergebnis.

Man wird die Funktion $y \mapsto A(y)$ untersuchen und die Randbedingungen beachten müssen, $y \leq 3$. Während für $p_1 = 2$ das ermittelte Maximum im zulässigen Bereich liegt, ist das für $p_2 = 1$ nicht der Fall. A(y) nimmt sein Maximum deshalb am Rand des zulässigen Bereiches, also in y = 3, x = 4 an.

Wenn das ermittelte x_{max} (y_{max}) im zulässigen Bereich $x \le a$ ($y \le b$) liegen soll, muss gelten $\frac{b}{q} - \frac{a}{p} \le 1$ $\left(-\frac{b}{q} + \frac{a}{p} \le 1\right)$, insgesamt also $\left|\frac{a}{p} - \frac{b}{q}\right| \le 1$. Bei festem a, b, q ergibt sich daraus $\frac{aq}{b+q} \le p \le \frac{aq}{b-q}$, wenn diese Bedingung nicht erfüllt ist, nimmt A seinen maximalen Wert am Rand des zulässigen Bereiches an.

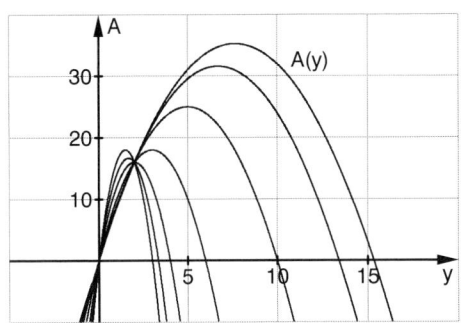
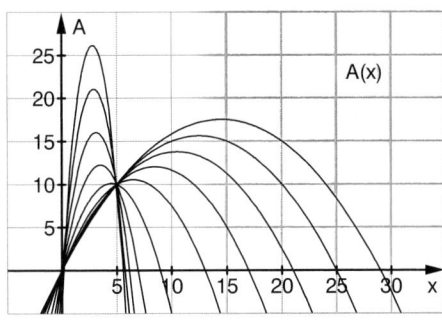

Aufgabe	Finde den Term!	M. Ebenhöh
21		

Ermitteln Sie den Funktionsterm (a, b und c sind ganzzahlig).

1. $f(x) = \frac{a}{bx+c}$

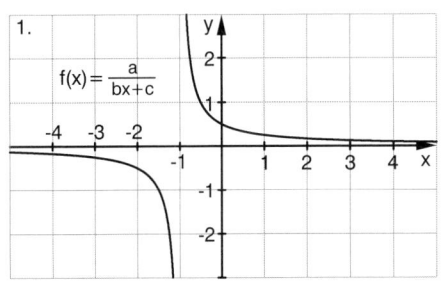

2. $f(x) = \frac{a}{bx+c}$

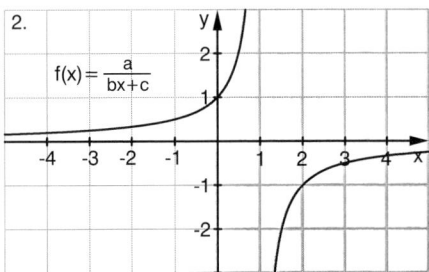

3. $f(x) = \frac{x}{bx+c}$

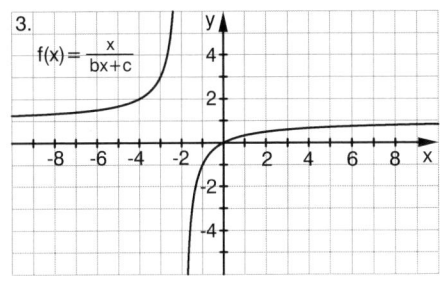

4. $f(x) = \frac{x}{bx+c}$

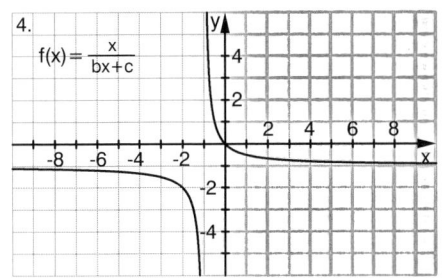

Lösung	11	12	13	GK	LK	Unt	Pro	Kl	Abi	GTR	CAS
21		×		×	■	×		×		×	

1. $f(x) = \frac{1}{2x+2}$　　2. $f(x) = \frac{-1}{x-1}$　　3. $f(x) = \frac{x}{x+2}$　　4. $f(x) = \frac{x}{-x-1}$

Wenn die Grafik versagt, muss man rechnen

M. EBENHÖH

Skizzieren Sie den Verlauf des Graphen qualitativ richtig. $f(x) = \dfrac{1000x-1000}{10100x^2-19999x+9900}$

Lösung	11	12	13	GK	LK	Unt	Pro	Kl	Abi	GTR	CAS
22		×		×	×	×		×		×	■

Die Nullstelle ist bei x = 1, zwei Polstellen existieren bei x = 0,99 und x = 0,9901, beide mit VZW.

Zwischen den Polstellen ist ein Tiefpunkt T $\left(1-\frac{1}{1010}\cdot\sqrt{101} \approx 0,990099 \mid 401\ 997,5124\right)$

Der Hochpunkt H $\left(1+\frac{1}{1010}\cdot\sqrt{101} \approx 1,00995 \mid 2,487577\right)$ liegt rechts neben der Nullstelle.

Die x-Achse ist waagerechte Asymptote.

Mit diesen Informationen kann man den Graphen zwar skizzieren, nicht aber mit dem Rechner zeichnen.

(Die Idee zu dieser Aufgabe stammt aus einen Vortrag von W. Köpf auf der Derive-Tagung in Bonn, Juli 1996.)

Variationen über ein Abiturthema

M. EBENHÖH

Gegeben sei die Funktionenschar zu $f_a(x) = \dfrac{2x}{\left(x^2+a\right)^2}$ mit $a \in \mathbb{R}$.

1. Untersuchen und klassifizieren Sie die Graphen der Schar in Abhängigkeit von a. Beschreiben Sie, wie sich die Veränderung von a auf den Verlauf der Graphen auswirkt.

2. Untersuchen Sie, in welchem Zusammenhang die Kurven
   K_1: $y = \dfrac{1}{8x^3}$ und K_2: $y = \dfrac{1}{2x^3}$ zu der gegebenen Funktionenschar stehen.

3. **(GK mit GTR)** Bestimmen Sie für a = 2 denjenigen Wert b, so dass gilt:
   $$\int_0^b \frac{2x}{\left(x^2+2\right)^2}\,dx = \frac{1}{4}$$
   Fertigen Sie eine Skizze an und erläutern Sie die geometrisch-anschauliche Bedeutung dieses Integrals.

4. **(LK mit CAS)** Bestimmen Sie für a = 1 die Gleichung der Ursprungsgeraden, die das Flächenstück zwischen Graph und positiver x-Achse in zwei gleich große Teile zerlegt.

5. In einer Messreihe wurde die Aktivität von Algen in Abhängigkeit von der Lichtenergie ermittelt:

Lichtenergie (in Watt/dm^2)	0,1	0,2	0,3	0,4	0,6	1	1,5	2	2,5
(Photosynthese-) Aktivität (in rel. Einheiten)	2	3,5	4	3,8	2,7	1,2	0,4	0,2	0,1

Begründen Sie, dass vom Rechner ermittelte Regressionskurven für diese Daten unbrauchbar sind und zeigen Sie, dass die Daten für einen bestimmten Wert a durch die Funktion f_a recht gut approximiert werden können.

Lösung	11	12	13	GK	LK	Unt	Pro	Kl	Abi	GTR	CAS
23		×		×	×				×	×	×

(Abwandlung einer Abituraufgabe aus NRW 1980)

1. a = 0 eine Polstelle bei x = 0 mit VZW, weder Nullstellen, noch Extrem- bzw. Wendepunkte.

    a < 0 zwei Polstellen bei $\pm\sqrt{a}$ ohne VZW, Nullstelle bei x = 0, keine Extrem- bzw. Wendepunkte.

    a > 0 Nullstelle bei x=0, $HP\left(\sqrt{\frac{a}{3}}\middle|\frac{3}{8a}\sqrt{\frac{3}{a}}\right)$,

    symmetrisch dazu

    $TP\left(-\sqrt{\frac{a}{3}}\middle|-\frac{3}{8a}\sqrt{\frac{3}{a}}\right)$,

    3 Wendepunkte $(0|0)$ und

    $\left(\pm\sqrt{a}\middle|\pm\frac{1}{2a\sqrt{a}}\right)$, keine Polstellen.

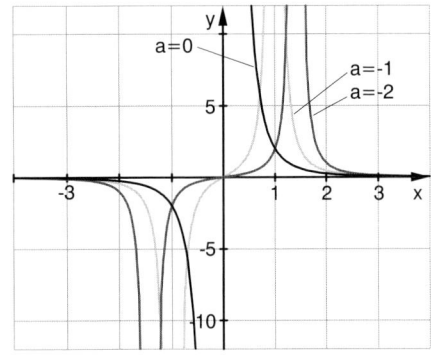

2. K_1 ist die Ortslinie der Extrempunkte, K_2 ist die Ortslinie der Wendepunkte für a > 0 (Nachweis durch Rechnung).

3. $\int\limits_0^b \frac{2x}{\left(x^2+2\right)^2}\,dx = \left[\frac{-1}{x^2+2}\right]_0^b = \frac{-1}{b^2+2}+\frac{1}{2}$

    also $b = \sqrt{2}$.

    (Zeichnung mit entspr. Flächeninhalt)

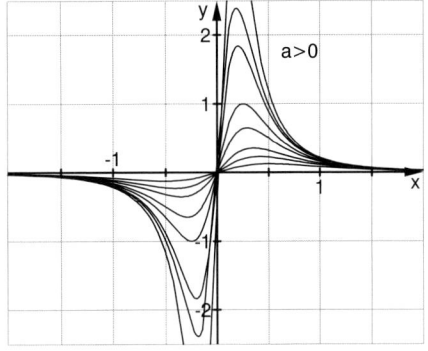

4. Der x-Wert des Schnittpunktes von Graph und Ursprungsgerade sei s.

    Zu lösen ist die Gleichung $\int\limits_0^s \left(\frac{2x}{\left(x^2+1\right)^2} - mx\right) dx = \frac{1}{2}$ zusammen mit der Bedingung

    $m\cdot s = \frac{2s}{\left(s^2+1\right)^2}$. Die Steigung der gesuchten Geraden ist $m = 3-2\sqrt{2} \approx 0{,}17$, der

    Schnittpunkt liegt bei $\left(\sqrt{\sqrt{2}+1} \approx 1{,}55\ \middle|\ \sqrt{\sqrt{2}+1}\cdot\left(3-2\sqrt{2}\right) \approx 0{,}266\right)$.

5. An den Werten kann man schon sehen, dass weder eine Gerade, noch eine Parabel als Näherungskurve brauchbar sind. Man benötigt eine Funktion, die sich asymptotisch der x-Achse nähert, durch den Ursprung geht und einen Hochpunkt hat. Damit scheiden auch die anderen Regressionskurven des Rechners aus.

Aus der Überlegung, dass der Hochpunkt etwa bei x = 0,3 liegt, ergibt sich für a etwa $\frac{1}{3}$ oder 0,3.

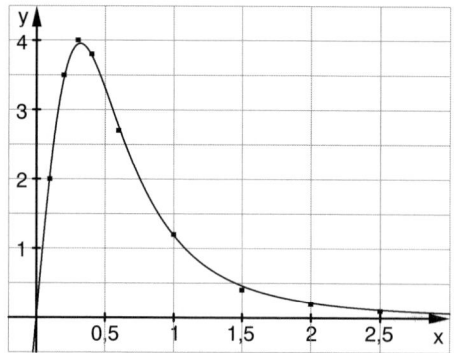

<table>
<tr><td>Aufgabe
24</td><td>Verkehrsstau - Unterrichtsprojekt</td><td>M. EBENHÖH</td></tr>
</table>

Wenn eine zweispurige Fahrbahn durch eine Baustelle einspurig wird, kommt es meistens zu einem Rückstau der Fahrzeuge. Man hat den Eindruck, dass um so mehr Autos pro Zeit durch die Verengung hindurch kommen, je schneller die Autos fahren. Dies soll nun untersucht werden.

Man geht von einer Beobachtungsstelle aus, die die vorbeifahrenden Autos zählt und die Anzahl pro Stunde notiert. Diese Zahl heißt „Verkehrsdichte" D.

Für ein mathematisches Modell ist es unerlässlich, die realen Gegebenheiten zu verein-fachen. Wir nehmen nun an, dass alle Autos gleich lang sind, z. B. 5 m, dass alle Autos mit der gleichen Geschwindigkeit fahren und dass alle den Sicherheitsabstand einhalten, der ihrer Geschwindigkeit entspricht.

Solche Vereinfachungen sind mehr oder weniger realistisch, das bedeutet, dass man auch untersuchen muss, wie diese Annahmen sich auf das mathematische Ergebnis auswirken.

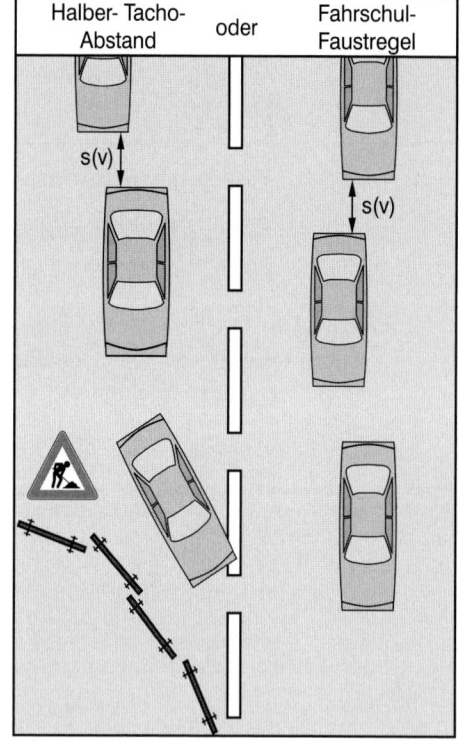

Erstellen Sie die Verkehrsdichtefunktion D(v), indem Sie folgende Zusammenhänge berücksichtigen:

D ist proportional zur Geschwindigkeit v und umgekehrt proportional zum Abstand zweier Fahrzeuge, der sich aus Fahrzeuglänge und Sicherheitsabstand zusammensetzt.

Der Sicherheitsabstand ist natürlich von v abhängig. Untersuchen Sie die Fälle

1. „Halber-Tacho-Abstand", also $s(v) = \frac{1}{2} v$ (in Meter)

2. „Fahrschul-Faustregel" $s(v) = (0{,}1v)^2 + 0{,}3v$ (in Meter)

Bringen Sie in Erfahrung, welche Annahmen diesen beiden Regeln zugrunde liegen und warum sie sich so stark unterscheiden!

Gibt es eine „optimale" Geschwindigkeit, bei der die Verkehrsdichte am größten ist?

Wenn man die mittlere Fahrzeuglänge variiert, welchen Einfluss hat das auf die Verkehrsdichte?

Lösung	11	12	13	GK	LK	Unt	Pro	Kl	Abi	GTR	CAS
24		×		×	×	×	×			×	■

Die erste Regel geht davon aus, dass das vorausfahrende Fahrzeug selbst bremsen muss, die 2. Regel geht davon aus, dass plötzlich ein unbewegliches Hindernis auftaucht.

$0{,}01v^2$ ergibt den Anhalteweg in m bei voller Bremskraft, $0{,}3v$ ergibt den Weg, den das Fahrzeug in der „Schrecksekunde" noch zurücklegt.

1.　$D_1(v) = \frac{1000v}{5+0{,}5v}$　　　　　2.　$D_2(v) = \frac{1000v}{5+0{,}01v^2+0{,}3v}$

(weil v in $\frac{km}{h}$ angegeben wird, muss man mit 1000 multiplizieren, um auf $\frac{m}{h}$ zu kommen)

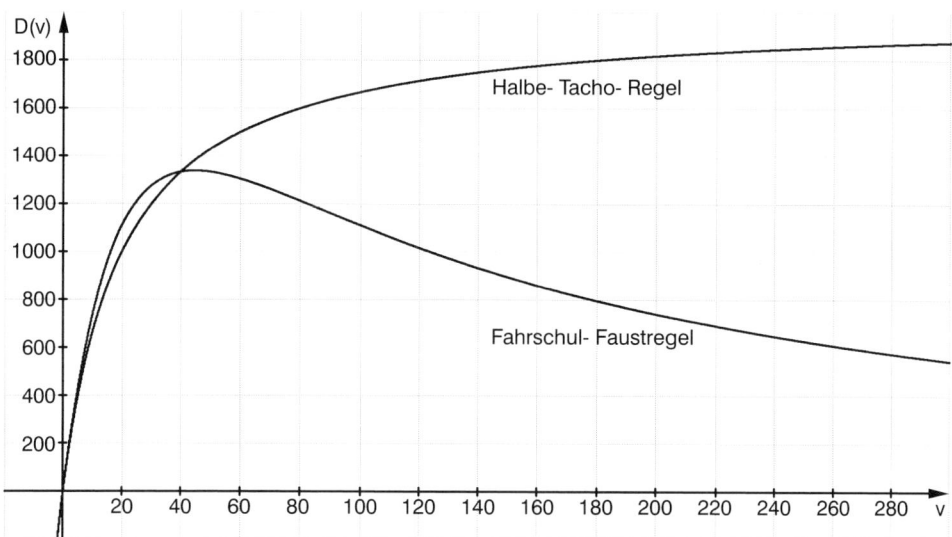

Man sieht, dass es im 2. Fall eine „optimale" Geschwindigkeit gibt, bei der die Verkehrsdichte maximal ist. Ist das Ergebnis von 22,4 $\frac{km}{h}$ realistisch?

Weitere Untersuchungen zeigen, dass diese optimale Geschwindigkeit natürlich von der Fahrzeuglänge abhängt.

Literatur: Bild der Wissenschaft, 8/1996

Verkehrsstau - Klausuraufgabe

IDEE: H. KNECHTEL

1. Gegeben ist die Funktionenschar f_L durch $f_L(x) = \dfrac{1000x}{L+0{,}01x^2+0{,}3x}$ mit $L > 0$.

   Untersuchen Sie die Schar auf Nullstellen, Symmetrie und Asymptoten.

2. In der Zeichnung sind verschiedene Graphen von f_L für $x \geq 0$ dargestellt. Ergänzen Sie die Einheiten auf den Achsen und ordnen Sie die Werte den Graphen zu.

   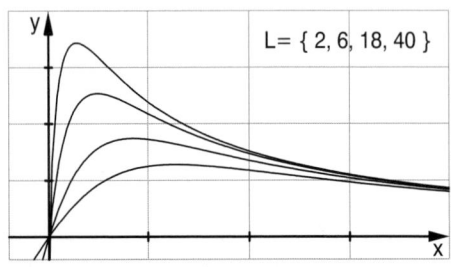

   L= { 2, 6, 18, 40 }

   Bestimmen Sie die Ortskurve der Extrempunkte und fügen sie diese der Zeichnung hinzu. Die Funktionsschar f_L ist die aus dem Unterricht bekannte Verkehrsdichtefunktion, wobei der Parameter L die Fahrzeuglänge angibt. Interpretieren Sie die Ortskurve der Extrempunkte in diesem Zusammenhang.

3. Es soll die Verkehrsdichtefunktion für $L = 6$ betrachtet werden.
   Bekanntlich lässt mit zunehmenden Alter die Reaktionsgeschwindigkeit nach, so dass die Annahme der Schrecksekunde mit 0,3 nicht für alle Fahrer stimmt. Wählen Sie für die Schrecksekunde einen neuen Parameter s.

   $f_s(x) = \dfrac{1000x}{6+0{,}01x^2+s\cdot x}$

   Untersuchen Sie, wie sich die Veränderung von s auf das Extremum auswirkt. Formulieren Sie Ihr Ergebnis in einem „Satz von der langen Leitung".

4. Die Ableitung von $f_{s,L}(x) = \dfrac{1000x}{L+0{,}01x^2+s\cdot x}$ ist mir irgendwie nicht gelungen.

   Wo liegen die Fehler?

   $$f'_{s,L}(x) = \dfrac{1000\left(L+0{,}01x^2+sx\right)+1000x(L+0{,}02x+s)}{L^2+0{,}0001x^4+s^2\cdot x^2}$$

Lösung	11	12	13	GK	LK	Unt	Pro	Kl	Abi	GTR	CAS
25		×		×	×			×		■	×

1. Nullstelle bei $x = 0$, keine Symmetrie, x-Achse ist waagerechte Asymptote,

   Extrempunkte $\left(10\sqrt{L}\ \middle|\ \dfrac{5000}{\sqrt{L}+\frac{3}{2}}\right)$ und $\left(-10\sqrt{L}\ \middle|\ -\dfrac{5000}{\sqrt{L}-\frac{3}{2}}\right)$

2. $0 \leq x \leq 200$, in Schritten von 50; $\quad 0 \leq y \leq 2000$, in Schritten von 500;
   Ortskurve der Extrempunkte: $y = \dfrac{50\,000}{x+15}$. Diese Kurve gibt den Zusammenhang

   zwischen der optimalen Geschwindigkeit und dem maximalen Verkehrsdurchsatz an. Wenn die Fahrzeuge sehr lang sind, ist die optimale Geschwindigkeit hoch, aber der Verkehrsdurchsatz gering.

3. Bildet man die erste Ableitung von f_s, so taucht s nur im Nenner auf, d. h. s hat keine Auswirkung auf diejenige Geschwindigkeit, bei der der Verkehrsdurchsatz maximal ist. Allerdings ändert sich natürlich der maximale Verkehrsdurchsatz, denn je länger die Leitung, desto größer ist theoretisch der Abstand zwischen den Fahrzeugen.

4. Drei Fehler: Nenner falsch quadriert, Vorzeichen im Zähler falsch (Quotientenregel!), beim Ableiten des Nenners fällt L weg.
Die korrekte Ableitung:

$$f'_{s,L}(x) = \frac{1000\left(L+0{,}01x^2+sx\right)-1000x(0{,}02x+s)}{\left(L+0{,}01x^2+sx\right)^2}$$

Aufgabe 26 — Rennbahn

Idee: H. Althoff

Gegeben sind die Punkte $A(-1|4)$, $B(3|2)$, $C(-5|6)$ und $D(4|0)$. Die beiden Strecken $\overline{CA}$ und $\overline{BD}$ sollen zwischen A und B durch das Stück des Graphen einer Polynomfunktion zu einer „Rennbahn ohne Knick" ergänzt werden.

1. Fertigen Sie eine Skizze an.
2. Geben Sie alle Bedingungen an. Leiten Sie daraus den Grad der Polynomfunktion ab.
3. Finden Sie mögliche Lösungen des Problems.

Lösung 26	11	12	13	GK	LK	Unt	Pro	Kl	Abi	GTR	CAS
	×	■	■	■	■	×		×		×	

Falls die Krümmung bekannt ist, kann diese Aufgabe auch im GK oder LK gestellt werden.

Wenn das Kurvenstück nur stetig und differenzierbar an A und B anschließen soll, gibt es 4 Bedingungen:

$f(-1) = 4$, $f(3) = 2$, $f'(-1) = 1$
und $f'(3) = -2$.

4 Bedingungen sind ausreichend für ein Polynom 3. Grades. Mithilfe des Rechners ergibt sich das Ergebnis $p_2(x) = -\frac{3}{8}x^2 + \frac{1}{4}x + \frac{37}{8}$, also ist die Lösung eine Parabel.

Nimmt man zusätzlich noch an, dass in A und B f'' null ist, so erhält man das Ergebnis $p_4 = \frac{3}{128}x^4 - \frac{3}{32}x^3 - \frac{27}{64}x^2 + \frac{17}{32}x + \frac{619}{128}$.

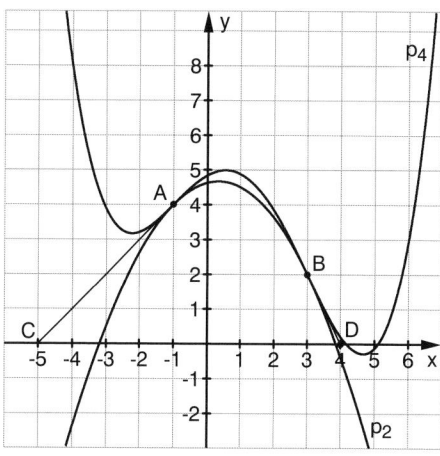

Die rechtwinklige Straßenecke soll für den Verkehr durch eine Übergangsstraße von A nach B entschärft werden.

1. Finden Sie eine Polynomfunktion 2. Grades, deren Graph A mit B sinnvoll verbindet.

2. Vergleichen Sie Ihr Ergebnis aus 1. mit den folgenden beiden Funktionen:

$$f_1(x) = -\frac{1}{512}x^4 + \frac{3}{16}x^2 + \frac{3}{2}, \quad -4 < x < 4$$

$$f_2(x) = 8 - \sqrt{32 - x^2}, \quad -4 < x < 4$$

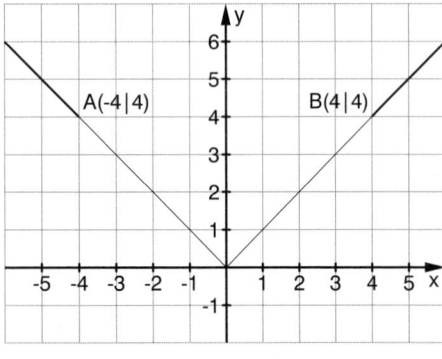

Welche der drei Funktionen würden Sie im Sinne der Aufgabenstellung bevorzugen? Warum?

Lösung 27	11	12	13	GK	LK	Unt	Pro	Kl	Abi	GTR	CAS
	×	■	■	■	■	×		×		×	

Falls die Krümmung bekannt ist, kann diese Aufgabe auch im GK oder LK gestellt werden.

1. Aus Symmetriegründen ergibt sich ohne große Rechnung $p(x) = \frac{1}{8}x^2 + 2$.

2. Wenn die Krümmung nicht bekannt ist, sind mehrere Überlegungen denkbar:
Der Kreisbogen f_2 ist die beste Lösung, weil er die kürzeste der 3 Verbindungen ist.
f_1 ist die beste Lösung, weil die Kurve weiträumiger ausholt.
Der Parabelbogen ist die beste Lösung, weil die Kurve nicht zu eng und nicht zu weit ist.
Alle drei Möglichkeiten schließen stetig und differenzierbar in A und B an die Geraden an, sind daher sinnvolle Übergänge.

Wenn die Krümmung bekannt ist, scheiden die Parabel und der Kreis als Übergangsbögen aus, da in beiden Fällen $f'' \neq 0$ ist. Nur f_1 schließt ohne Krümmungssprung an die Geraden an.

1. Welche Kurve fährt ein Radfahrer, wenn er links abbiegt, und dabei die Ecke schneiden kann? Für diese Frage kann man das Modell aus Aufgabe 27 („Abgerundete Ecke") benutzen, diesmal unter dem Aspekt der Krümmung:
Erfinden Sie aus allen Ihnen bekannten Funktionsklassen eine Übergangskurve, die die Punkte A und B stetig, differenzierbar und ohne Krümmungssprung verbindet.
Vergleichen und beurteilen Sie die Kurven.

2. Welche Kurve fährt der Radfahrer, wenn er rechts abbiegt, d. h. wenn er die Ecke nicht schneiden kann? Für diese Frage wird das Modell abgewandelt:
Finden Sie eine Kurve, die A mit B „glatt" verbindet. Variieren sie den Punkt C und untersuchen Sie, wie sich das Krümmungsverhalten der Kurve ändert.

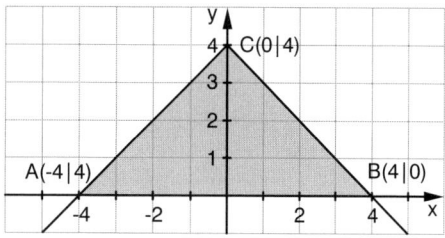

Lösung	11	12	13	GK	LK	Unt	Pro	Kl	Abi	GTR	CAS
28		×	×	×	×	×		×	■	×	×

Besondere Voraussetzung: Krümmung

1. Die Herausforderung bei dieser Teilaufgabe besteht darin, dass nichtlineare Gleichungssysteme von CAS nicht so einfach gelöst werden wie lineare. Daher muss schon beim Ansatz das Wissen über charakteristische Eigenschaften der Funktionsklassen herangezogen werden. Mögliche Lösungen (mit Angabe der Extremkrümmung):

$f_1(x) = -\frac{1}{512}x^4 + \frac{3}{16}x^2 + \frac{3}{2}$ (wie in Aufgabe 27) $k_{max} \approx 0{,}375$

$f_2(x) = -\frac{8}{\pi}\cos\left(\frac{\pi}{8}x\right) + 4$ $k_{max} \approx 0{,}38$ (entspricht fast genau f_1.)

$f_3(x) = \frac{1}{16\,384}x^6 - \frac{5}{1024}x^4 + \frac{15}{64}x^2 + \frac{5}{4}$ $k_{max} \approx 0{,}47$

(Polynome höheren Grades verbessern den Übergang nicht!)

$f_4(x) = -\frac{512}{x^2+48} + 12$ $k_{max} \approx 0{,}44$

$f_5(x) = -4 \cdot e^{-\frac{1}{32}x^2+\frac{1}{2}} + 8$ $k_{max} \approx 0{,}41$

Es sieht so aus, als ob das Polynom 4. Grades den optimalen Übergang darstellt.

2. Als Ansatz empfiehlt sich ein achsensymmetrisches Polynom 6. Grades mit den Bedingungen: $f(-4) = 0$; $f'(-4) = 1$; $f''(-4) = 0$ und $f(0) = 4$ (bzw. 4,5 oder 5)
Das lineare Gleichungssystem kann mit dem Rechner gelöst werden und man erhält:
(1) mit C(0 | 5), also dem Abstand 1 von der Ecke:

$f_1(x) = -\frac{5}{8192}x^6 + \frac{1}{32}x^4 - \frac{21}{32}x^2 + 5$

$|k_{max}| \approx 1{,}29$

(2) mit $C(0 | 4{,}5)$:

$f_2(x) = -\frac{1}{2048}x^6 + \frac{13}{512}x^4 - \frac{9}{16}x^2 + 4{,}5$

$|k_{max}| \approx 1{,}11$

(3) mit $C(0 | 4)$:

$f_3(x) = -\frac{3}{8192}x^6 + \frac{5}{256}x^4 - \frac{15}{32}x^2 + 4$

$|k_{max}| \approx 0{,}94$

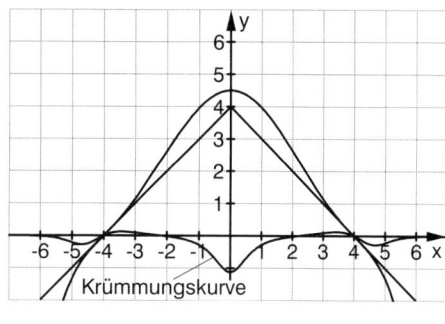

Je weiter der Radfahrer ausholt, um die Ecke zu umfahren, desto größer ist die extreme Krümmung der Kurve.

Badewanne

Idee: H. ALTHOFF

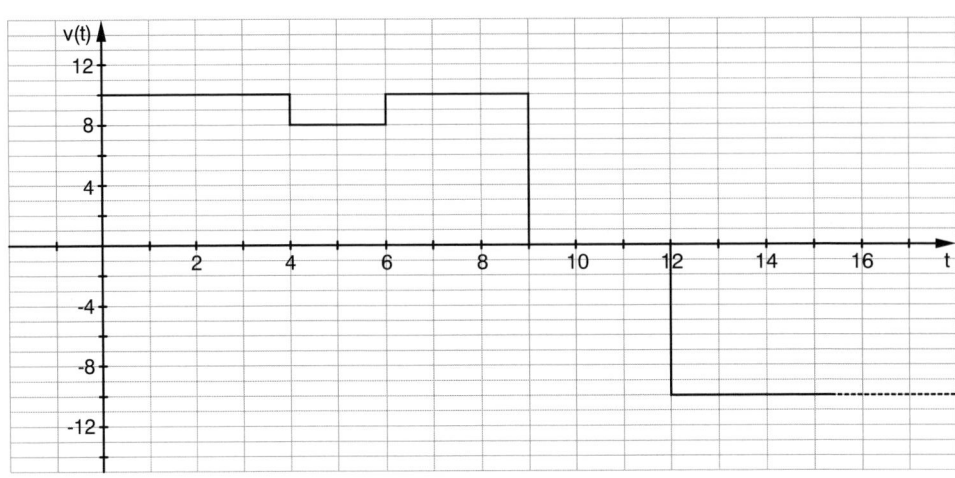

In ein zum Zeitpunkt t = 0 leeres Gefäß (z. B. eine Badewanne) fließt mit der Geschwindigkeit v(t) Wasser, wie im Diagramm dargestellt.(t in Minuten, v(t) in Liter/min)

1. Interpretieren und erläutern Sie die Zeichnung.

2. Wie viel Liter Wasser waren maximal in der Wanne? Wie viel Liter sind nach 16 min in der Wanne?

3. Für t > 12 soll v(t) konstant bleiben. Ab welchem Zeitpunkt ist die Wanne leer?

4. Skizzieren Sie den Graphen der Funktion W, welche die Wassermenge in der Badewanne in Abhängigkeit von der Zeit angibt.

Lösung	11	12	13	GK	LK	Unt	Pro	Kl	Abi	GTR	CAS
29		×		×		×		×			

1. 4 min lang fließt das Wasser mit $v = 10\ \frac{\ell}{\text{min}}$, dann wird der Hahn etwas zugedreht und v auf $8\ \frac{\ell}{\text{min}}$ reduziert. Zwischen 6 und 9 min ist $v = 10\ \frac{\ell}{\text{min}}$, dann wird der Hahn zugedreht. Nach 12 min wird der Abfluss geöffnet und das Wasser fließt mit $10\ \frac{\ell}{\text{min}}$ aus der Wanne.

2. Maximal waren 86 ℓ in der Wanne, zum Zeitpunkt t = 16 sind noch 46 ℓ darin.

3. Nach 20,6 min ist die Wanne leer.

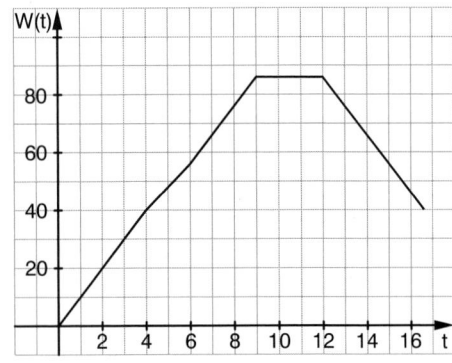

Bemerkung:
Die Aufgabe ist mathematisch zu verstehen, da gewisse reale Bedingungen nicht berücksichtigt werden. Der Zufluss kann nicht spontan von 0 auf 10 springen und der Abfluss ist abhängig von der vorhandenen Wassermenge.

Ein Problem aus alten Rätselbüchern, das zur Übung des räumlichen Vorstellungsvermögens gut geeignet und dessen Lösung auch handwerklich zu realisieren ist.

Wie ist ein zylinderförmiger Korken (r = 1, h > 2) zuzuschneiden, damit er sowohl ein quadratisches (a = 2), kreisförmiges (r = 1) als auch dreieckiges (gleichschenklig, g = h = 2) Loch verschließen kann?
Die Lösung sieht folgendermaßen aus:

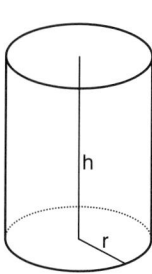

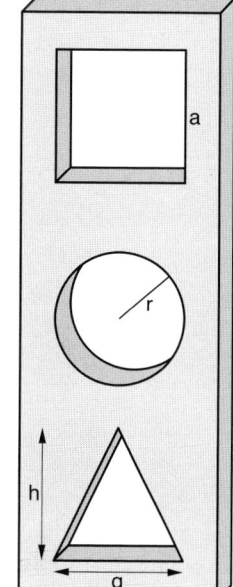

1. Man stellt den Stöpsel mit h = 2 her. Dieser verschließt bereits das quadratische und auch das kreisförmige Loch.

2. Von einem Durchmesser der oberen Kreisfläche aus führt man zwei ebene Schnitte durch diejenigen Punkte des unteren Kreisumfangs, die auf dem dazu senkrechten Durchmesser liegen.

Es wird behauptet, der entstehende Körper habe das Volumen $V = \frac{4}{3}\pi$.

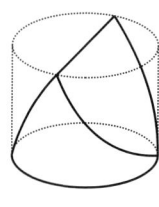

Begründen Sie, dass der entstehende Körper alle drei Löcher verschließt.
Erläutern Sie die Konstruktion des Körpers allgemein für a = g = h = 2 · r.
Berechnen Sie das Volumen.

Lösung	11	12	13	GK	LK	Unt	Pro	Kl	Abi	GTR	CAS
30		×		×	×	×				■	×

Der entstandene Körper weist als Grundfläche einen Kreis auf, mit dem man das kreisförmige Loch verschließen kann. Weiter besitzt er ein Quadrat und ein gleichschenkliges Dreieck als Querschnittsflächen, mit denen die beiden anderen Löcher verschlossen werden können.

Der Rohling ist ein Zylinder mit h = 2 · r. In der Deckfläche wählt man einen Durchmesser d_1 und projiziert ihn in die Grundfläche. Der zu dieser Projektion senkrecht verlaufende Durchmesser d_2 der Grundfläche schneidet den Grundflächenkreis in P_1 und P_2. Nun führt man von d_1 zwei ebene Schnitte aus, die durch P_1 bzw. P_2 gehen.

Die Lösungsidee zur Volumenberechnung besteht darin, das Integral über die Querschnittsflächenfunktion zu berechnen. Dazu führt man parallele Schnitte zu dem Quadrat in der Mitte des Körpers aus; es ergeben sich Rechtecke. Es wird ein Koordinatensystem eingeführt wie in der Abbildung auf Seite 40 oben.

Die Seitenlängen m und n der Rechtecke sind dann:

$m = 2 \cdot \sqrt{r^2 - x^2}$, da sich die Endpunkte auf dem Grundkreis befinden und $n = -2x + 2r$, denn die Ordinaten der Punkte der Gerade durch den Mittelpunkt von d_1 und P_1 liefern für $0 \leq x \leq r$ die Höhe der Rechtecke für eine Hälfte des Körpers.

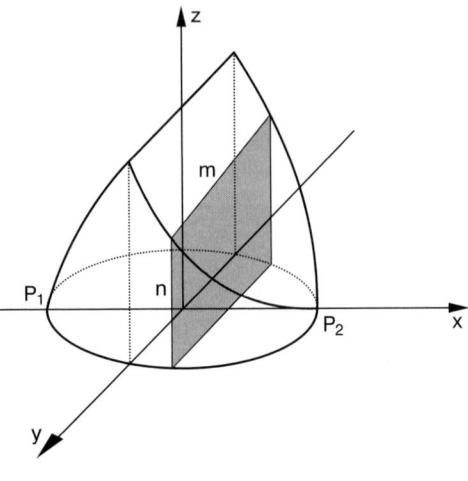

Also gilt: $V = 2 \cdot \int_0^r A_Q dx$

$$= 2 \cdot \int_0^r 2 \cdot \sqrt{r^2 - x^2} \cdot (-2x + 2r)\, dx$$

Lösung mit CAS ergibt $V = 2 \cdot \left(\pi - \frac{4}{3}\right) \cdot r^3 \approx 3{,}617 r^3$, das entspricht nicht der Behauptung im Rätselbuch.

Aufgabe 31 — Trigonometrische Funktionen und Approximation

G. SCHMIDT

Gegeben sind die Funktionen g: $x \mapsto \sin x$ und h: $x \mapsto \cos x$

1. Skizzieren Sie die Graphen von $g + h$ und $(-g) + (-h)$ im Intervall $[-2\pi; 2\pi]$.
   Zeigen Sie, dass alle Linearkombinationen $f = a \cdot g + b \cdot h$ mit $a, b \in \mathbb{R}$ die Differentialgleichung $f + f'' = 0$ erfüllen.
   Welche Differentialgleichung wird von den Funktionen $f_k(x) = a \cdot \sin(kx) + b \cdot \cos(kx)$ erfüllt?

2. Beweisen Sie durch partielle Integration
   $$\int x \sin x\, dx = \sin x - x \cdot \cos x \qquad \int \sin^2 x\, dx = \tfrac{1}{2}(x - \sin x \cdot \cos x)$$

3. Die Funktion $f(x) = \sin x$ soll im Intervall $\left[0; \frac{\pi}{2}\right]$ durch eine lineare Funktion $p(x) = mx$ approximiert werden.

   Ein Maß für die Güte der Approximation ist durch $F(m) = \int_0^{\frac{\pi}{2}} (mx - \sin x)^2\, dx$ gegeben.

   Bestimmen Sie $p_1(x)$ so, dass die Funktionswerte von f und p_1 an den Intervallgrenzen übereinstimmen und berechnen Sie für diesen Fall $F(m)$.
   Bestimmen Sie nun $p_2(x)$ so, dass $F(m)$ einen kleinsten Wert annimmt. Zeichnen Sie die Graphen von $f(x)$ und $p_2(x)$ und berechnen Sie $p_2\left(\frac{\pi}{2}\right)$.
   An welcher Stelle weicht $p_2(x)$ am stärksten von $f(x)$ ab und wie groß ist die Abweichung $d(x) = |f(x) - p_2(x)|$?

Besondere Voraussetzungen: Approximation, partielle Integration

1. $f(x) - f''(x)$

$= a \sin x + b \cos x - a \sin x - b \cos x$

$= 0$

$f_k''(x) = -k^2(a \sin(kx) + b \cos(kx))$

$\Rightarrow f_k + \frac{1}{k^2} f_k'' = 0$

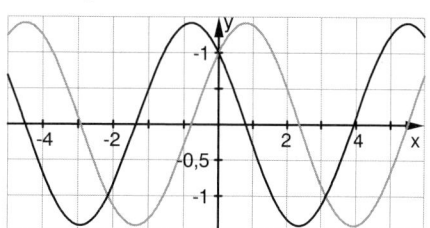

2. $\int x \sin x \, dx = -x \cos x + \int \cos x \, dx = \sin x - x \cos x$

$\int \sin^2 x \, dx = -\sin x \cos x + \int \cos^2 x \, dx = -\sin x \cos x + \int (1 - \sin^2 x) \, dx$

$\Rightarrow \int \sin^2 x \, dx = \frac{1}{2}(x - \sin x \cos x)$

3. $p_1(x) = \frac{2}{\pi} x$

$$F(m) = \int_0^{\frac{\pi}{2}} \left(\frac{2}{\pi} x - \sin x\right)^2 dx = \frac{4}{\pi^2} \int_0^{\frac{\pi}{2}} x^2 dx - \frac{4}{\pi} \int_0^{\frac{\pi}{2}} x \sin x \, dx + \int_0^{\frac{\pi}{2}} \sin^2 x \, dx$$

Mit der Stammfunktion aus Aufgabe 2 erhält man das Ergebnis

$F(m) = \frac{5}{12} \pi - \frac{4}{\pi} \approx 0,035$.

$$F(m) = \int_0^{\frac{\pi}{2}} (mx - \sin x)^2 dx = \frac{\pi^3}{24} m^2 - 2m + \frac{\pi}{4}$$

Für $m = \frac{24}{\pi^3} \approx 0,774$ wird $F(m)$ minimal, $p_2(x) = \frac{24}{\pi^3} x$, $p_2\left(\frac{\pi}{2}\right) \approx 1,215$

Die Differenzfunktion hat an der Stelle $x_E = \arccos\left(\frac{24}{\pi^3}\right) \approx 0,6856$ ein relatives Maximum mit $d(x_E) \approx 0,1025$, über dem gesamten Intervall liegt jedoch das Extremum am Rand mit $d\left(\frac{\pi}{2}\right) \approx 0,215$.

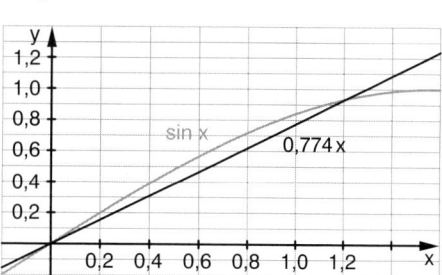

Bemerkung:

Falls zur Bearbeitung der Aufgabe ein GTR zur Verfügung steht, so kann man die erste Teilaufgabe z. B. folgendermaßen umformulieren:

Untersuchen Sie den Einfluss des Parameters a auf die Graphen der Schar $f_a(x) = \sin x + a \cdot \cos x$.

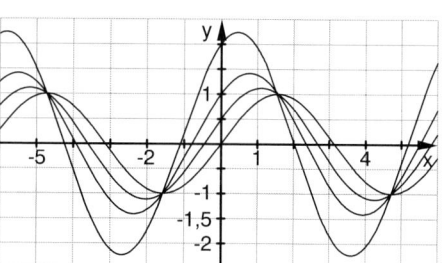

Gegeben ist die Funktion $f: x \mapsto x \cdot \cos x, x \in \mathbb{R}$.

1. Lassen Sie den Graphen zeichnen und beschreiben Sie die Besonderheiten des Kurvenverlaufes. Bestimmen Sie alle Nullstellen von f.

2. Zeigen Sie, dass die lokalen Extremwerte von f an den Stellen x liegen, für die gilt: $x = \cot x$. Begründen Sie, dass mit wachsendem $|x|$ die Extremwerte immer näher an den Stellen $n\pi$ ($n \in \mathbb{Z}$) liegen.

3. Das Newton-Verfahren zur Bestimmung der Nullstellen einer Funktion f benutzt die Iterationsformel:

$$x_{n+1} = x_n - \frac{f(x_n)}{f'(x_n)}$$

Beschreiben Sie kurz das Newton-Verfahren und leiten Sie die angegebene Iterationsformel her. Bestimmen Sie mithilfe des Newton-Verfahrens den Extremwert $\left(x_E \mid f(x_E)\right)$ der Funktion f im Intervall $[1{,}5\,\pi; 2{,}5\,\pi]$ (Startwert $x_0 = 6$) und erläutern Sie die Genauigkeit.

4. Bestimmen Sie mithilfe partieller Integration eine Stammfunktion F zur Funktion f. Berechnen Sie den Inhalt der Fläche, die von der 1. Winkelhalbierenden und dem Graph von f im Intervall $[-4\pi; 4\pi]$ eingeschlossen wird.

Lösung	11	12	13	GK	LK	Unt	Pro	Kl	Abi	GTR	CAS
32			×		×			×	×	■	■

Besondere Voraussetzung: Näherungsverfahren, partielle Integration

1. Wie man leicht nachweisen kann, ist der Graph punktsymmetrisch zum Ursprung und verläuft zwischen den beiden Winkelhalbierenden.

   Die Nullstellen sind bei $x = 0$ und $x = \frac{2n+1}{2}\pi$ mit $n \in \mathbb{Z}$.

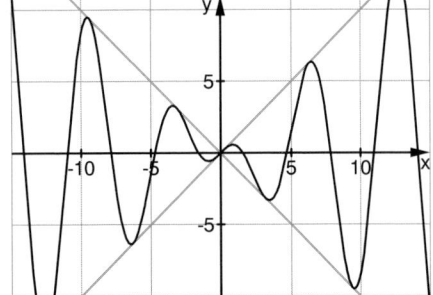

2. $f'(x) = \cos x - x \sin x \Rightarrow x_E = \cot x_E$

   Mit wachsendem $|x|$ liegen die Schnittpunkte der beiden Graphen immer dichter an den Polstellen von $\cot x$. Diese liegen bei $n\pi$.

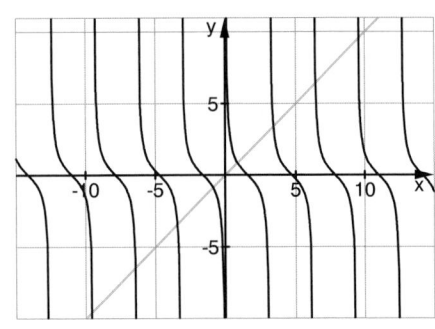

3. Man wählt den Startwert x_0 in der Nähe der erwarteten Nullstelle und berechnet die Tangente in $P(x_0 | f(x_0))$ an den Graphen von f: $y = f'(x_0)(x - x_0) + f(x_0)$. Die Nullstelle der Tangente liefert den neuen Wert x_1.

$$y = 0 \qquad \Rightarrow x = x_0 - \frac{f(x_0)}{f'(x_0)} \qquad x := x_1 \quad \text{usw.}$$

Startwert $x_0 = 6$, $x_1 = 6{,}5068$, $x_2 = 6{,}437$, $x_3 = 6{,}437$, sehr schnelle Konvergenz.

4. Partielle Integration: $\int x \cos x \, dx = x \sin x - \int \sin x \, dx = x \sin x + \cos x$

Flächenberechnung: $A = 2 \int\limits_{0}^{4\pi} (x - x \cos x) \, dx$

$$= 2 \left[\tfrac{1}{2} x^2 - x \sin x - \cos x \right]_0^{4\pi}$$

$$= 16 \pi^2$$

$$\approx 157{,}9$$

Projekt **33**	Kartenentwürfe - überall ist Analysis									G. STEINBERG	
	11	12	13	GK	LK	Unt	Pro	Kl	Abi	GTR	CAS
		×	×	■	×	×	×			×	×

Besondere Voraussetzungen: Gradnetz auf der Erdkugel, Formeln zu Kugel und Kugelteilen, Integralrechnung

Aufgabe:

Vergleichen Sie in Welt- und Erdteilkarten Ihres Atlasses die Darstellung der Längen- und Breitenkreise. In Schulatlanten sind meistens Übersichten über Verfahren für Kartenentwürfe dargestellt. Können Sie damit begründen, warum die Bilder der Längen- und Breitenkreise bei verschiedenen Entwürfen so unterschiedlich ausfallen?

Ein Unterrichtsprojekt:

Wir gehen in anschaulicher Weise davon aus, dass sich gekrümmte Flächen (Kugel-, Kegel-, Zylinder-, Paraboloid-, ...) nur dann in eine Ebene „abwickeln" lassen, wenn es auf der Fläche Linien gibt, längs derer sich ein Lineal voll auflegen lässt. Es ist deshalb nicht möglich, die Kugelflächen abzuwickeln; es gibt keine Landkarten, die naturgetreue Bilder der Erdoberfläche (oder Teile davon) liefern. Deshalb versucht man unter verschiedenen Anwendungsaspekten, bei der Erstellung von Landkarten solche Entwürfe anzufertigen, die entweder (a) „flächentreu" sind, (Inhalte zweier Flächen auf der Kugel verhalten sich wie die Inhalte der Bildflächen) oder (b) „winkeltreu" sind, (die Winkel zweier Linien auf der Kugel sind ebenso groß wie die Winkel der Bildlinien) oder (c) „vermittelnd" sind, (in kleineren abgebildeten Flächen besteht annähernde Flächen- und Winkeltreue). Wir wollen zu (a) und (b) je ein Beispiel erarbeiten.

Aufgabe 1:

Um den Globus ist ein Zylinder gestellt, der ihn längs des Äquators berührt. Jeder Punkt der Kugelfläche wird vom Mittelpunkt seines Breitenkreises aus senkrecht zur Kugelachse (Nordpol – Südpol) auf den Zylinder projiziert. Der Zylinder wird abgewickelt. Wie sehen die Bilder der Längen- und Breitenkreise aus?

Lösung:

Für die Höhe a der Breitenkreisgeraden über der Äquatorgeraden gilt $a = R \cdot \sin \varphi$, die Distanz d der Längenkreisgeraden erhält man durch gleichmäßige Teilung der Äquatorstreckenlänge $2\pi R$.

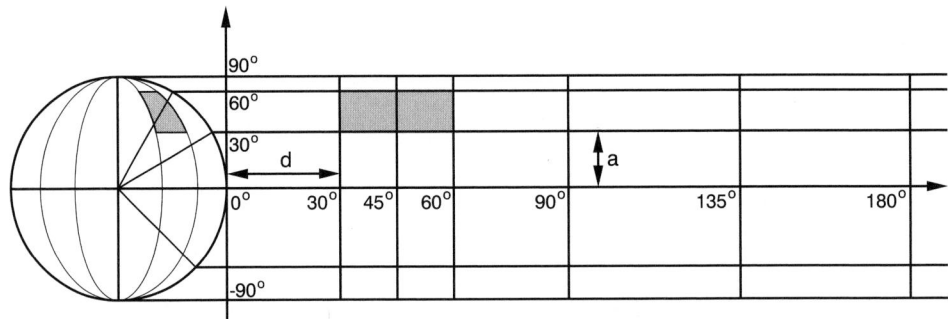

Aufgabe 2:

Zeigen Sie, dass man den Oberflächeninhalt einer Kugelzone Z durch $A(Z) = 2\pi \cdot R \cdot h$ erhält.

Lösung:

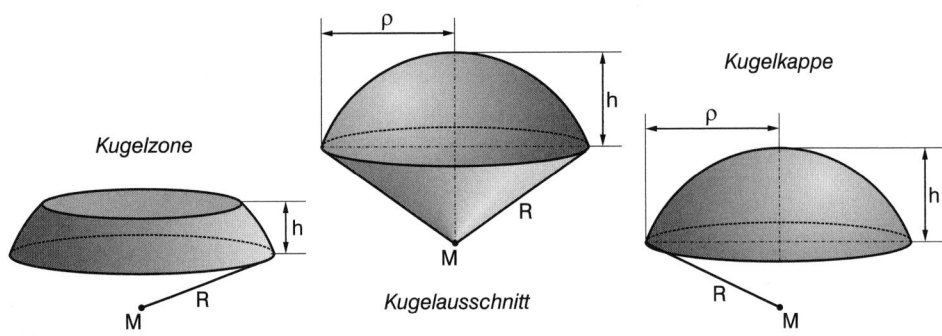

Es gibt viele Lösungswege! Mit $\rho^2 = R^2 - x^2$ kan man z. B. zunächst das Volumen V(K) einer Kugelkappe durch $V(K) = \pi \cdot \int\limits_{R-h}^{R} \left(R^2 - x^2 \right) dx = \frac{\pi}{3}(3R - h) \cdot h^2$ ermitteln, daraus das

Volumen V(A) des zugehörigen Kugelausschnittes durch Addition des Kegels mit $V_{Kegel} = \frac{\pi}{3}(R - h)(2R - h)h$, also $V(A) = \frac{2\pi}{3} \cdot R^2 h$ gewinnen.

Unterstellt man, dass sich die Oberflächeninhalte von Kappe und Kugel ebenso zueinander verhalten wie die Volumina von Ausschnitt und Kugel, so erhält man

$A(\text{Kappe}) : \left(4\pi R^2 \right) = \left(\frac{2\pi}{3} \cdot R^2 h \right) : \left(\frac{4\pi}{3} \cdot R^3 \right)$, also $A(\text{Kappe}) = 2\pi Rh$.

Durch einfache Subtraktion zweier Kappen ergibt sich für den Oberflächeninhalt einer Kugelzone ebenfalls $A(Z) = 2\pi Rh$.

44

Aufgabe 3:

Warum ist dieser Kartenentwurf („Entwurf von ARCHIMEDES") flächentreu?

Lösung:

Folgt sofort aus der Lösung der Aufgaben 1 und 2.

Aufgabe 4:

Wieder stellen wir uns einen um die Kugel gestellten und dann abgerollten Zylinder vor. Der Äquator wird wieder als Strecke dargestellt, die Längenkreise als Senkrechte in gleichmäßigen Abständen zu dieser Strecke, die Breitenkreise zu φ auf Parallelen im Abstand Δy zu dieser Strecke (Abb.). Noch wissen wir nichts über Δy! Bestimmen Sie aus der Abbildung die Seiten des „Kreisbogenvierecks" $|\overset{\frown}{AB}|$ und $|\overset{\frown}{AD}|$.

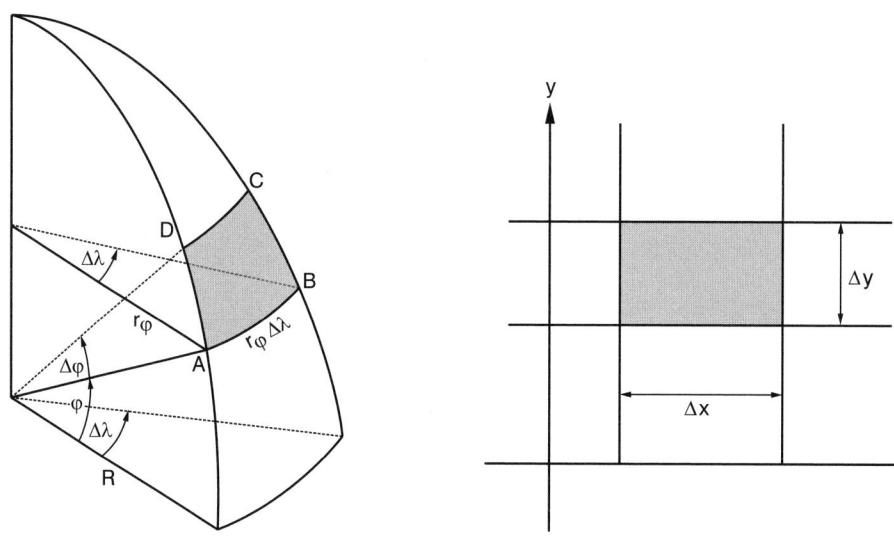

Lösung:

$|\overset{\frown}{AB}| = r_\varphi \cdot \Delta\lambda = R \cdot \cos\varphi \cdot \Delta\lambda,$ $|\overset{\frown}{AD}| = R \cdot \Delta\varphi.$

Überlegung (*):

Wenn der Entwurf nun winkeltreu werden soll, müssen mit $\Delta\lambda \to 0$ und $\Delta\varphi \to 0$ das Kreisbogenviereck und dessen Bildviereck immer stärker formgleich (ähnlich) werden, also in den Verhältnissen entsprechender Seiten immer stärker proportional werden. Es soll der Quotient $\Delta x : |\overset{\frown}{AB}|$ immer mehr dem Quotienten $\Delta y : |\overset{\frown}{AD}|$ angenähert werden.

Aufgabe 5:

Ermitteln Sie diese Quotienten.

Lösung (Abb.):

$\Delta x : |\overset{\frown}{AB}| = (R \cdot \Delta\lambda) : (R \cdot \cos\varphi \cdot \Delta\lambda) = 1 : \cos\varphi.$

$\Delta y : |\overset{\frown}{AD}| = \Delta y : (R \cdot \Delta\varphi).$

Aufgabe 6:

Wie kann man nun die Höhe y in Abhängigkeit von φ und R aus dem Ergebnis der 5. Aufgabe und der Überlegung (*) ermitteln?

Lösung:

Es soll gelten $\quad \lim\limits_{\Delta\varphi \to 0} \dfrac{\Delta y}{R \cdot \Delta\varphi} = \dfrac{1}{\cos\varphi}$,

d. h. $\qquad\qquad \lim\limits_{\Delta\varphi \to 0} \dfrac{\Delta y}{\Delta\varphi} = R \cdot \dfrac{1}{\cos\varphi}$

also $\qquad\qquad y = R \cdot \displaystyle\int \dfrac{1}{\cos\varphi}\, d\varphi$.

Wegen $\varphi = 0 \Rightarrow y = 0$ ist die Integrationskonstante null zu setzen.

Aufgabe 7:

Ein Computer liefert $\displaystyle\int \dfrac{1}{\cos\varphi}\, d\varphi = \ln\!\left(\dfrac{|\cos\varphi|}{|\sin\varphi - 1|}\right)$.

Legen Sie damit für den Entwurf eine Wertetafel an und zeichnen Sie ein Längen- und Breitenkreisnetz (R = 1). Der Entwurf heißt Entwurf von MERCATOR, nicht zu verwechseln mit der Mercatorprojektion.

Lösung:

φ	0 °	10 °	20 °	30 °	40 °	45 °	50 °	60 °	70 °	80 °	85 °
y	0,0000	0,1754	0,3564	0,5493	0,7629	0,8814	1,0107	1,3170	1,7354	2,4362	3,1313

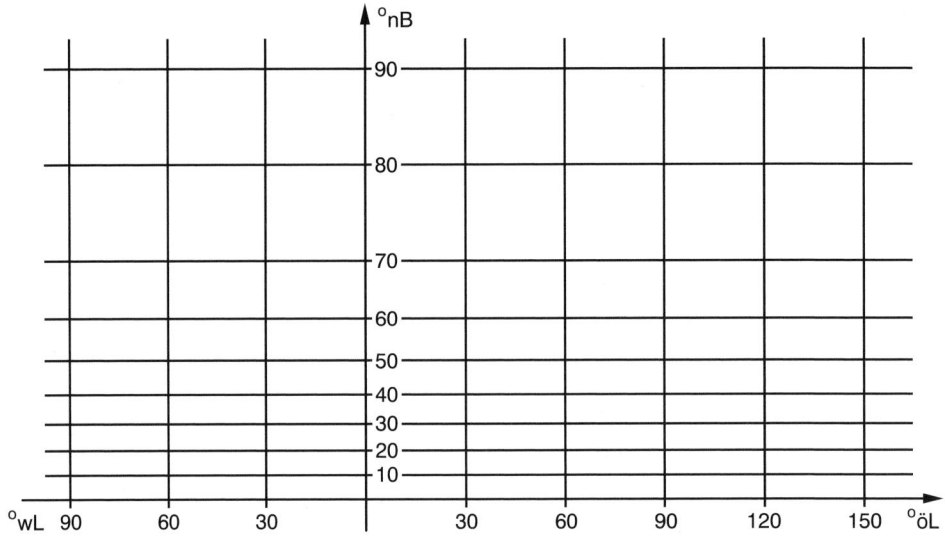

46

Aufgabe 8:

Eine „verzwickte" Integration: Das eben dem Computer entnommene Integrationsergebnis kann auch „von Hand" ermittelt werden.

$$y = R \cdot \int \frac{1}{\cos \varphi} \, d\varphi = R \cdot \int \frac{1}{\sin\left(\frac{\pi}{2}+\varphi\right)} \, d\varphi = R \cdot \int \frac{1}{2\cdot\sin\left(\frac{\pi}{4}+\frac{\varphi}{2}\right)\cdot\cos\left(\frac{\pi}{4}+\frac{\varphi}{2}\right)} \, d\varphi$$

$$= R \cdot \int \frac{1}{2\cdot\tan\left(\frac{\pi}{4}+\frac{\varphi}{2}\right)\cdot\cos^2\left(\frac{\pi}{4}+\frac{\varphi}{2}\right)} \, d\varphi = R \cdot \int \frac{\frac{1}{2}\cdot\frac{1}{\cos^2\left(\frac{\pi}{4}+\frac{\varphi}{2}\right)}}{\tan\left(\frac{\pi}{4}+\frac{\varphi}{2}\right)} \, d\varphi.$$

Jetzt steht im Zähler die Ableitung des Nenners, d. h. $y = R \cdot \ln\left| \tan\left(\frac{\pi}{2}+\frac{\varphi}{2}\right) \right|$.

Begründen Sie die einzelnen Schritte und zeigen Sie die Übereinstimmung der unterschiedlich scheinenden Aufleitungen.

Lösung:

Die Umformungen beruhen auf den einfachsten Additionstheoremen. Die Übereinstimmung kann man durch Graphen- oder Tabellenvergleich prüfen, aber auch trigonometrisch nachweisen.

Dazu beachte man: $\sin 2\alpha = \frac{2\tan \alpha}{1+\tan^2 \alpha}$, $\cos 2\alpha = \frac{1-\tan^2 \alpha}{1+\tan^2 \alpha}$.

Damit erhält man

$$\frac{\cos \varphi}{1-\sin \varphi} = \frac{\left(1-\tan^2 \frac{\varphi}{2}\right)}{\left(1+\tan^2 \frac{\varphi}{2}\right)\cdot\left(1-\frac{2\tan \frac{\varphi}{2}}{1+\tan^2 \frac{\varphi}{2}}\right)} = \frac{1-\tan^2 \frac{\varphi}{2}}{1+\tan^2 \frac{\varphi}{2} - 2\tan \frac{\varphi}{2}} = \frac{1+\tan \frac{\varphi}{2}}{1-\tan \frac{\varphi}{2}}$$

$$= \tan\left(\frac{\pi}{4}+\frac{\varphi}{2}\right) \qquad \text{q.e.d.}$$

Hinweise:

Der ARCHIMEDES-Entwurf kann auch im GK behandelt werden. Ein schönes Beispiel für einen weiteren flächentreuen Entwurf (Entwurf von SANSON), bei dem die Bilder der Längenkreise Kosinuslinien sind oder für eine winkeltreue stereographische Projektion findet man in Steinberg, G.: Entdecken-Erkennen-Verstehen, MU Heft 5, 1986.

Umfassende Darstellungen finden Sie in folgender Literatur.

Literatur:

Bigalke, H. G.: Kugelgeometrie; Diesterweg/Salle, Frankfurt 1984

Lambacher-Schweizer: Kugelgeometrie; Klett, Stuttgart o.J.

in Neubearbeitung Groschopf, G.: Themenhefte: Kugelgeometrie; Klett, Stuttgart 1983

Im 15. Jahrhundert beschrieb der arabische Mathematiker und Astronom Ghiyah al-Din Jamshid al-Kashi Methoden zur Berechnung aller Details islamischer Architektur. Im Folgenden sei eine Moscheekuppel gegeben, deren äußere und innere Begrenzung durch Kreisbögen konstruiert wurde, die um die vertikale Achse rotieren. Mit den angegebenen Abmessungen erhielt al-Kashi folgende Ergebnisse im Sexagesimalsystem:

Äußeres Volumen 83 ° 8' 31'' $\left[83+\frac{8}{60}+\frac{31}{3600}\right]$,

inneres Volumen 66 ° 10' 48'' $\left[66+\frac{10}{60}+\frac{48}{3600}\right]$.

1. Überprüfen Sie das Ergebnis mit den Methoden der Integralrechnung.

2. Die Innenseite der Kuppel soll 0,1 mm dick mit Gold ausgelegt werden. Gold hat ein spezifisches Gewicht von 19,3 g/cm³. 100 g Gold kosten heutzutage ca. 1 900 DM.

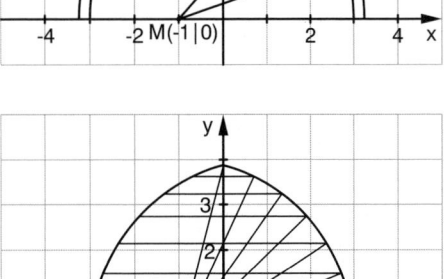

Zur Volumenberechnung unterteilte al-Kashi die Kuppel in mehrere Scheiben und ersetzte die Kreisbögen durch Strecken. Er berechnete das Volumen der aufeinander gesetzten Kegelstümpfe.

In der unteren Zeichnung ist der Innenraum der Kuppel in 7 Scheiben geteilt, die durch Teilung des Kreisbogens in 7 gleich lange Stücke entstanden.

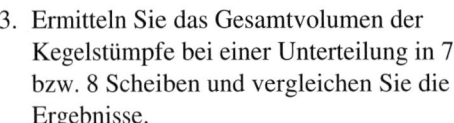

3. Ermitteln Sie das Gesamtvolumen der Kegelstümpfe bei einer Unterteilung in 7 bzw. 8 Scheiben und vergleichen Sie die Ergebnisse.

4. Analysieren Sie die Genauigkeit dieses Verfahrens.

Lösung	11	12	13	GK	LK	Unt	Pro	Kl	Abi	GTR	CAS
34			×	■	×	×	×	×	×	■	×

Voraussetzung: Volumen- und Oberflächenberechnung bei Drehung um die y-Achse

1. Berechnung des Kuppelvolumens:

Das Volumen des Mauerwerks kann man als Differenz zwischen Außen- und Innenvolumen berechnen. V_1 und V_2 werden jeweils dadurch bestimmt, dass man die entsprechenden Kreisbögen um die y-Achse rotieren lässt.

Formel: $V = \pi \int_{0}^{y_0} x^2 \, dy$ mit $y_0 = \sqrt{r^2 - 1}$

z. B.: Innerer Kreisbogen: $(x+1)^2 + y^2 = 16$ ergibt $V_2 = \pi \int_{0}^{\sqrt{15}} \left(\sqrt{16-y^2} - 1\right)^2 dy$

Dieses Integral lässt sich zwar geschlossen lösen, doch der rechnerische Aufwand vertieft nicht das mathematische Verständnis. Lösung mit dem Rechner ergibt:

$V_1 = 84{,}93$ [m³] für das äußere Volumen, $V_2 = 67{,}58$ [m³] für das innere Volumen.

2. Berechnung der Goldmenge

1. Weg:

Das benötigte Goldvolumen lässt sich ebenfalls als Differenz berechnen.
Dabei muss allerdings die Genauigkeit berücksichtigt werden, da V_3 für den
Radius r = 4 m - 0,1 mm = 3,9999 m berechnet wird.

$V_2 - V_3 = 0{,}00642$ [m³]

Es werden also 6,42 dm³ Gold gebraucht, das sind ca. 124 kg Gold, die heute ca.
2,35 Millionen DM kosten.

2. Weg:

Man ermittelt die Oberfläche der Kuppelinnenseite.

Formel: $O = 2\pi \int_{0}^{y_0} f(y)\sqrt{1 + (f'(y))^2}\, dy$ mit $x = f(y)$

Mit $x = f(y) = \sqrt{16 - y^2} - 1$ erhält man die Oberfläche von 64,21 m².

3. Unterteilung der Kuppel in 7 Scheiben

Formel: $V = \frac{\pi}{3} h\left(r_1^2 + r_1 r_2 + r_2^2\right)$ für das Kegelstumpfvolumen.

Die Radien der Kegelstümpfe sind die x-Werte der Unterteilungspunkte auf dem Kreisbogen. Die Höhen der Kegelstümpfe sind die Differenzen zweier y-Werte dieser Punkte.

Der Winkel $\alpha = \cos^{-1}\left(\frac{1}{4}\right) \approx 75{,}52°$ wird in 7 gleiche Teilwinkel zerlegt.

$$\tfrac{1}{7}\alpha = \tfrac{1}{7}\cos^{-1}\left(\tfrac{1}{4}\right) \approx 10{,}79°$$

Mit dem Radius 4 ergeben sich also die x- und y-Werte der Unterteilungspunkte:

$$x_i = 4 \cdot \cos\left(\tfrac{i}{7}\alpha\right) - 1 \qquad i = 0, ..., 7$$

$$y_i = 4 \cdot \sin\left(\tfrac{i}{7}\alpha\right) \qquad i = 0, ..., 7$$

$$r_i = x_i\,; \quad h_i = y_{i+1} - y_i$$

Eingesetzt in die Formel erhält man das Ergebnis: $V_7 = 66{,}83$ [m³]; $V_8 = 66{,}9$ [m³]

4. Analyse der Genauigkeit

Zur Berechnung des Kuppelvolumens ist das Näherungsverfahren von AL-KASHI gut geeignet, wobei eine Unterteilung in 7 Scheiben völlig ausreichend ist. Die Werte sind zwar auf Grund des Verfahrens zu klein, der Fehler wird aber unbedeutend, wenn das Volumen als Differenz berechnet wird. Man kann natürlich davon ausgehen, dass in der Praxis die Eingabedaten auch nur Näherungswerte sind, deren Schwankungen sich im Bereich 10^{-2} befinden, daher ist eine feinere Unterteilung mit exakteren Ergebnissen nicht notwendig. Aus den Ergebnissen der Aufgabe 3 lässt sich schließen, dass AL-KASHI die Kuppel in nur 5 oder 6 Scheiben unterteilt hat, denn sein Wert, der im Dezimalsystem 66,18 entspricht, ist geringer als V_7 und V_6. Zur Berechnung der Goldmenge ist der Weg der Volumendifferenz mit AL-KASHIS Näherungsverfahren nicht geeignet. Hier muss die Oberfläche der Kuppelinnenseite mit der Zerlegung in Kegelstümpfe berechnet werden.

Bemerkung:

Die Aufgabe ist in vieler Hinsicht variierbar und damit auch für Übungs- und Klausuraufgaben geeignet. Die Formen der Kuppeln können verändert werden, oder man fragt, wie AL-KASHI die Oberfläche der Kuppel berechnet hat, ...

Literatur:

Y. DOLD-SAMPLONIUS: *Vestigia Mathematica,* Studies in medieval and early modern mathematics,
Amsterdam/Atlanta, 1993 ISBN 90-5183-536-1

Aufgabe 35 — Überraschungsei

M. EBENHÖH/G. STEINBERG

Ein Behälter (z. B. ein Überraschungsei) kann entstanden gedacht werden durch Rotation zweier Kurven K_1 und K_2 um die x-Achse. K_1 und K_2 werden durch folgende Gleichungen beschrieben:

K_1: $f_1(x) = 2\sqrt{x}$ $0 \le x \le 4$

K_2: $f_2(x) = \sqrt{24 - 2x}$ $4 \le x \le 12$

1. Geben Sie die Abbildungen an, mit denen K_1 auf K_2 abgebildet werden kann.

2. Berechnen Sie den Flächeninhalt des Profilschnittes in der x-y-Ebene, das Volumen des Behälters und den Winkel zwischen K_1 und K_2 an der Übergangsstelle.
   An welcher Stelle der x-Achse muss die Halbierungsmarke für das Volumen des Behälters angebracht werden?

3. Im Behälter liegt ein Zylinder, dessen Grundkreise die Kurven K_1 und K_2 berühren (s. Abb.). Geben Sie das Volumen des Zylinders in Abhängigkeit von x_1 an und bestimmen Sie das größte mögliche Zylindervolumen unter diesen Bedingungen.

Profilschnitt des Behälters

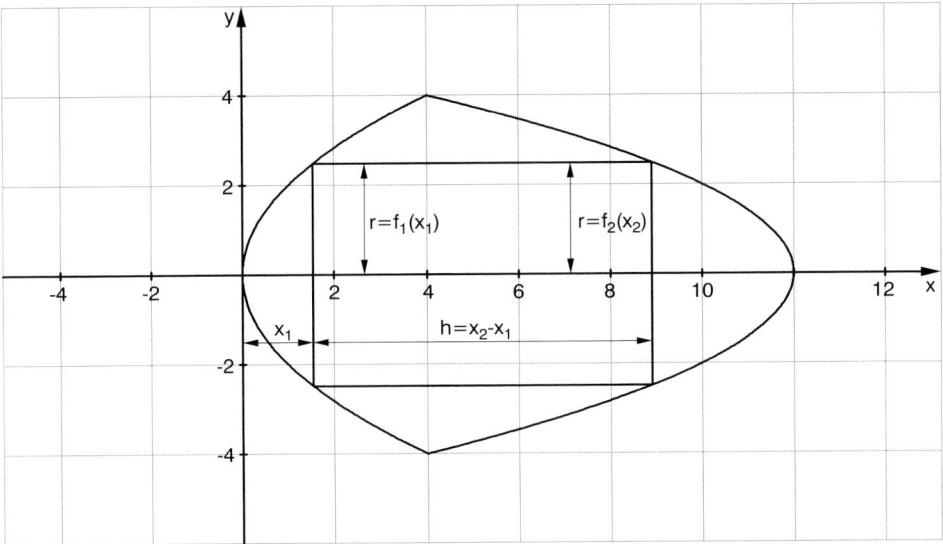

Lösung	11	12	13	GK	LK	Unt	Pro	Kl	Abi	GTR	CAS
35			×	×				×	×	×	

1. Spiegelt man K_1 an der Achse $x = 3$ und führt dann senkrecht zur y-Achse eine Achsenstreckung mit Streckfaktor 2 durch, so entsteht K_2.
   Oder man spiegelt K_1 an der Achse $x = 4$ und führt anschließend senkrecht zu dieser Achse eine Achsenstreckung mit dem Streckfaktor 2 durch.

2. Flächeninhalt des Profilschnittes: $A = 2\left[\int_0^4 2\sqrt{x}\,dx + \int_4^{12} \sqrt{24-2x}\,dx\right] = 64$

   Volumen des Behälters: $V = \pi \int_0^4 4x\,dx + \pi \int_4^{12} (24-2x)\,dx = 96\pi \approx 301{,}6$

   Winkel an der Übergangsstelle: $f_1'(4) = 0{,}5 \Rightarrow \alpha_1 = \tan^{-1} 0{,}5 \approx 26{,}565°$
   $f_2'(4) = -0{,}25 \Rightarrow \alpha_2 = \tan^{-1}(-0{,}25) \approx -14{,}036°$

   Daraus ergibt sich der Winkel im Innern des Behälters: $139{,}4°$.

   Halbierungstrich an der Stelle $x = a$: $\pi\left[2x^2\right]_0^4 + \pi\left[24x - x^2\right]_4^a = 48\pi$

   Die Lösung der quadratischen Gleichung $a^2 - 24a + 96 = 0$ ergibt $a = 12 - \sqrt{48} \approx 5{,}07$ (zweite Lösung entfällt).

3. Volumen des Zylinders: $V = \pi r^2 h$ mit $h = x_2 - x_1$ und
   $r = 2\sqrt{x_1} = \sqrt{24 - 2x_2} \Rightarrow x_2 = 12 - 2x_1$ also
   $V(x_1) = \pi \cdot 4x_1 \cdot (12 - 3x_1) = 12\pi(4x_1 - x_1^2)$
   $V'(x_1) = 0$ ist erfüllt für $x_1 = 2$, das maximale Volumen des Zylinders beträgt
   $V_{max} = 48\pi \approx 150{,}8$.

1. Mithilfe der Funktionen N und A können exponentielles und logistisches Wachstum beschrieben werden. $(t > 0)$.

   $N(t) = c \; e^{kt} \quad c > 0, \; k > 0 \qquad A(t) = \dfrac{1}{1+c_0 e^{-at}} \qquad c_0 > 0, \; a > 0$

   Skizzieren Sie den typischen Verlauf eines Graphen von N und A und skizzieren Sie die dazu gehörigen Graphen, die das Änderungsverhalten der Wachstumsfunktionen beschreiben.

   Beschreiben Sie den Einfluss der Parameter c und k auf den Graphen von N, und c_0 und a auf den Graphen von A.

2. Exponentielles und logistisches Wachstum können auch mithilfe von Differentialgleichungen (kurz DGL) beschrieben werden.

   Zeigen Sie, dass N(t) Lösung der Differentialgleichung $N'(t) = k\,N(t)$ mit $N(0) = c$ ist und interpretieren Sie diese DGL bezüglich des Wachstumsverhaltens bei exponentiellem Wachstum.

   Zeigen Sie, dass A(t) Lösung der Differentialgleichung $A'(t) = a\,A(t)\,(1 - A(t))$ mit $A(0) = \dfrac{1}{1+c_0}$ ist und interpretieren Sie diese DGL bezüglich des Wachstumsverhaltens für logistisches Wachstum.

   Begründen Sie für A(t) die folgenden Eigenschaften:
   – Der Graph von A(t) ist streng monoton wachsend für $t > 0$.
   – $\lim\limits_{n \to \infty} A(t) = 1$.

   – Der Graph von A(t) hat genau einen Wendepunkt in $P\left(\dfrac{\ln c_0}{a} \;\middle|\; \dfrac{1}{2}\right)$.

3. Die Differentialgleichung $G'(t) = (0{,}1 - 0{,}02\,t)\,G(t)$ mit $G(0) = 1$ beschreibt in grober Näherung ein Wachstum mit Selbstvergiftung.

   Bestimmen Sie die Lösung dieser DGL durch Trennung der Variablen.

   Begründen Sie mithilfe der DGL oder deren Lösung die folgenden Aussagen:
   – Der Graph von G steigt zunächst bis zu einem Maximum an und fällt dann wieder ab.
   – Für große t nähert sich der Graph von G der t-Achse an.
   Skizzieren Sie den Graphen.

Lösung	11	12	13	GK	LK	Unt	Pro	Kl	Abi	GTR	CAS
36			×		×			×	×	■	

Besondere Voraussetzungen: Differentialgleichungen

1. N(t) und N'(t):
   Je größer k, um so steiler verläuft der Graph.
   c bestimmt den Startwert auf der N-Achse. Je größer c, desto größer der Startwert.

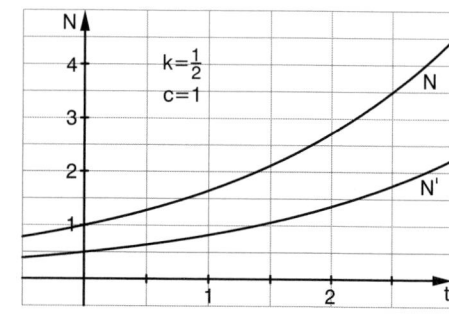

A(t) und A'(t):

Der Graph von A(t) zeigt s-förmigen Verlauf. Für große t nähert er sich der Geraden y = 1.

Je größer a, desto steiler ist die s-Form.

Je größer c_0, desto kleiner ist der Startwert. Für $c_0 < 1$ beginnt die Kurve oberhalb 0,5, d. h., es ist nur noch der obere Bogen der s-Form zu erkennen.

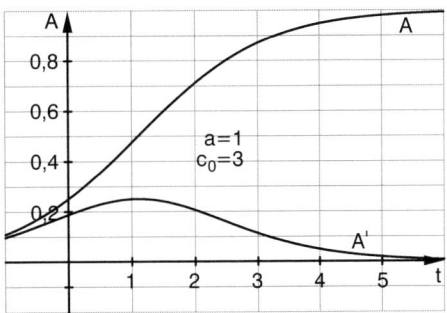

2. $N'(t) = k \cdot c \cdot e^{kt} = k\,N(t)$

Die „Wachstumsgeschwindigkeit" zum Zeitpunkt t ist proportional zum vorhandenen Bestand zu diesem Zeitpunkt. Das Wachstum ist unbegrenzt.

$$A'(t) = \frac{a \cdot c_0 e^{-at}}{(1+c_0 e^{-at})^2}$$

$$a \cdot A(t) \cdot (1 - A(t)) = \frac{a}{1+c_0 e^{-at}}\left(1 - \frac{1}{1+c_0 e^{-at}}\right) = \frac{a \cdot c_0 e^{-at}}{(1+c_0 e^{-at})^2} = A'(t)$$

Monotonie: Da $a > 0$ und $0 < A(t) < 1$, folgt daraus $A'(t) > 0$.

$$\lim_{t \to \infty} \frac{1}{1+c_0 e^{-at}} = \frac{1}{1+c_0 \lim\limits_{t \to \infty} e^{-at}} = 1$$

$$A''(t) = a\,[\,A'(t) - 2\,A'(t)\,A(t)\,] \qquad A''(t) = 0 \;\Rightarrow\; 1 - 2\,A(t) = 0 \;\Rightarrow A(t) = 0,5$$

$$\frac{1}{1+c_0 e^{-at_w}} = \frac{1}{2} \;\Rightarrow\; t_w = \frac{\ln c_0}{a}$$

3. $\dfrac{G'(t)}{G(t)} = 0,1 - 0,02\,t \;\Rightarrow\; \ln G(t) = 0,1\,t - 0,01\,t^2 + c \;\Rightarrow\; G(t) = e^{0,1t - 0,01t^2}$,

c = 0 wegen G(0) = 1

$G'(t) = 0 \;\Rightarrow\; 0,1 - 0,02\,t = 0 \;\Rightarrow\; t = 5$

für $t < 5$ gilt $G'(t) > 0$, für $t > 5$ gilt $G'(t) < 0$, also existiert ein

Hochpunkt $H\!\left(5 \,\middle|\, e^{0,25}\right)$.

$$\lim_{t \to \infty} G(t) = \lim_{t \to \infty} e^{-t^2\left(0,01 - \frac{0,1}{t}\right)} = 0$$

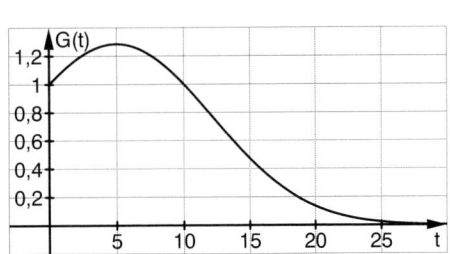

Für jedes $k > 0$ ist eine Funktion f_k gegeben durch $f_k(x) = k(e - e^{-x})$ mit $x \in \mathbb{R}$.

Die entsprechenden Graphen werden mit G_k bezeichnet.

1. Untersuchen Sie die Funktionenschar und zeichnen Sie G_1 und $G_{1,5}$ in ein Koordinatensystem. Kommentieren Sie dabei auch die geometrische Beziehung der Scharkurven.

2. Lässt man in ständig konstantem Zustrom Wasser in einen Eimer laufen, der am Boden ein Loch hat, so kann man die Wassermenge im Eimer W_k als Funktion von der Zeit t (in Stunden) folgendermaßen beschreiben:

$$W_k(t) = k \cdot e - k \cdot e^{-t} \qquad \text{mit } k > 0 \text{ und } t \geq 0.$$

Bestimmen Sie k, wenn die Anfangsmenge ≈ 6 Liter betragen soll und beschreiben Sie für diesen Fall mithilfe Ihrer Ergebnisse aus 1. den Verlauf des Wasserpegels im kaputten Eimer.

Berechnen Sie für eine beliebige Anfangsmenge den Zeitpunkt T, in der die Hälfte der Anfangsmenge hinzu gekommen ist und zeigen Sie, dass T unabhängig von k ist.

Lösung	11	12	13	GK	LK	Unt	Pro	Kl	Abi	GTR	CAS
37			✕	✕				✕	✕	∎	

1. Ableitungen $f_k'(x) = ke^{-x}$

   $f_k''(x) = -ke^{-x}$

   Nullstellen sind für alle k bei $(-1|0)$, denn $e^{-(-1)} = e$.

   Schnittpunkte mit der y-Achse sind bei $S_k(0 \mid k(e-1))$.

   Extrem- und Wendepunkte sind nicht vorhanden, denn $e^{-x} > 0$ für alle x.

   Für $x \to -\infty$ gilt $f_k(x) \to -\infty$.

   Für $x \to \infty$ gilt $f_k(x) \to k \cdot e$.

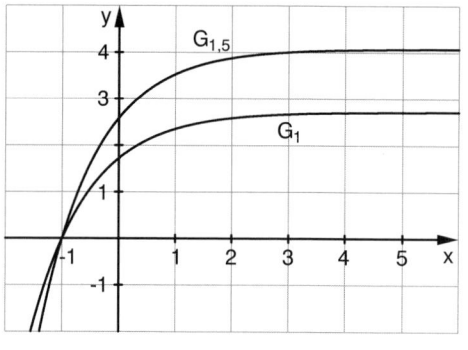

Also hat jede Scharkurve eine Asymptote $a_k(x) = k \cdot e$. Jeder Graph G_k entsteht aus G_1 durch Achsenstreckung mit Streckfaktor k, Achse ist die x-Achse.

2. $W_k(0) \approx 6$ also $k \cdot e - k \approx 6$ $\Rightarrow k \approx 3,5$

   Zum Zeitpunkt 0 sind 6 Liter im Eimer, die Wassermenge steigt zunächst schnell, aber kontinuierlich langsamer und nähert sich dem „Sättigungswert" $3,5\,e \approx 9,5$ [Liter], der dem Wert der Asymptote $a_{3,5}$ entspricht.

   Für den gesuchten Zeitpunkt T gilt: $W_k(T) = k(e - e^{-T}) = 1,5\,W_k(0) = 1,5\,k(e-1)$

   $$e - e^{-T} = 1,5\,e - 1,5$$
   $$T = -\ln(1,5 - 0,5\,e) \approx 1,96 \text{ [Stunden]}$$

   T ist unabhängig von k, da k in der Bestimmungsgleichung nicht mehr vorkommt.

Bemerkung: Die Aufgabe wurde ohne GTR bearbeitet. Sie ist aber mit GTR als Hilfsmittel viel sinnvoller, weil dadurch auch andere Bearbeitungswege möglich werden.

Designervase

Für eine Designermesse hat die Firma *Documentar* Entwürfe für repräsentative Blumen-vasen angefordert. Die Vasen sollen Rotationskörper sein und die in der Abb. genannten Maße aufweisen.

Der italienische Designer *Giuseppe Sinusi* hat seinen Entwurf mit der Randkurve

$R_1: y = 2 + \sin\left[\frac{\pi}{6}(x-3)\right]$ gestaltet,

die englische Künstlerin *Margret Rational* hat dafür $R_2: y = \frac{1}{18}x^2 + 1$ gewählt.

1. Zeigen Sie, dass beide Entwürfe die gefor-derten Bedingungen erfüllen. Ermitteln Sie die Volumina der beiden Vasen.

2. Reichen Sie zwei weitere Entwürfe ein und geben Sie die zugehörigen Raum-inhalte an.

3. Gelingt es Ihnen, einen Vorschlag zu ma-chen, bei dem das Volumen diejenigen der in 1. berechneten deutlich übersteigt?

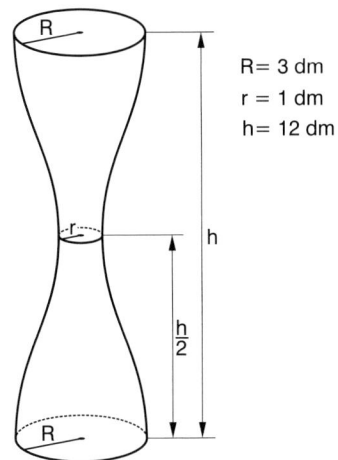

R = 3 dm
r = 1 dm
h = 12 dm

Lösung	11	12	13	GK	LK	Unt	Pro	Kl	Abi	GTR	CAS
38			×	×	×			×	×	×	×

1. Wenn man das Koordinatensystem so wählt, dass der Ursprung im Mittelpunkt der Vase liegt, ergibt sich für beide Fälle: f(−6) = f(6) = 2 und f(0) = 1, somit sind die geforder-ten Maße erfüllt.

   Das Volumen beträgt $\quad V_1 = \pi \int\limits_{-6}^{6}\left(2 + \sin\left(\frac{\pi}{6}(x-3)\right)\right)^2 dx = 54\pi \approx 169{,}646 \ [dm^3]$

   $$V_2 = \pi \int\limits_{-6}^{6}\left(\frac{1}{18}x^2 + 1\right)^2 dx = \frac{188}{5}\pi \approx 118{,}12 \ [dm^3]$$

2. und 3.

   Der Phantasie sind kaum Grenzen gesetzt. Eine besonders scheußliche Kreation mit riesenhaftem Volumen wäre z. B. die Vase mit der Randkurve

   $R_3: y = -\frac{73}{2880}x^4 + \frac{697}{720}x^2 + 1$

   Ihr Volumen beträgt $\frac{491\,486}{875} \cdot \pi \ [dm^3]$, also ca. 1 765 dm³.

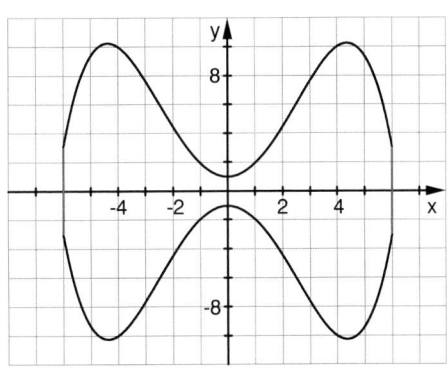

Parabolae translatae

GREGORIUS A SANTO VINCENTIO beschrieb im 17. Jahrhundert mehrere Beziehungen zwischen zwei Parabeln, die in Richtung der Symmetrieachse zueinander verschoben sind. Damals wurden diese Beziehungen dazu benutzt, aus gegebenen Parabeln neue zu konstruieren. Einige Beispiele:

1. Die Gerade g_{AB} sei Tangente an p_2 im Punkt K. Dann halbiert K die Strecke |AB|.

2. g sei eine beliebige Gerade, die p_1 und p_2 schneidet. Dann gilt |AB| = |CD|.

3. Die Gerade g_{AB} sei Tangente zu p_2 im Punkt K. |KC| sei die Länge des Verschiebungsvektors. Dann gilt, dass alle Dreiecke ABC flächengleich sind.

4. Konstruktion neuer Parabeln:
   AC ist senkrecht zur Symmetrieachse der Parabel p.
   Durch C verläuft eine Gerade g, welche die Parabel in D schneidet.
   Man zieht Parallelen zur Symmetrieachse der Parabel und trägt die Strecken |EH| = |BG| entsprechend der Zeichnung ab. Die Punkte H liegen auf einer Parabel.

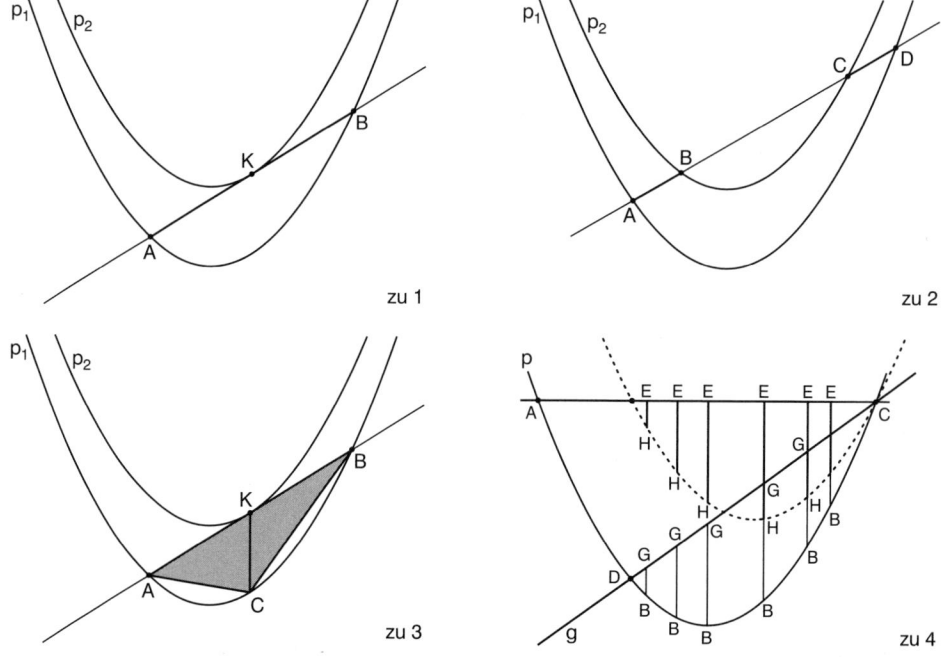

zu 1   zu 2   zu 3   zu 4

Lösung	11	12	13	GK	LK	Unt	Pro	Kl	Abi	GTR	CAS
39		×	×	×	×	×		×		■	■

Es sind sehr verschiedene Bearbeitungswege der dargestellten Sachverhalte denkbar. Die schönsten und elegantesten Beweise sollen hier aber nicht verraten werden, um dem Leser das persönliche Erfolgserlebnis zu gönnen. Obwohl die Aufgaben zusammenhängen, werden sie hier getrennt bearbeitet, und zwar mit den üblichen Rechnungen des Analysisunterrichts.

Man kann sich auf die Parabeln p_1: $y = x^2$ und p_2: $y = x^2 + c$ mit $c > 0$ beschränken, da die angeführten Strecken- und Flächenbeziehungen durch Achsenstreckung und Kongruenzabbildungen nicht verändert werden.

1. g_{AB} ist Tangente an $y = x^2 + c$ im Punkt $K(x_K \mid y_K)$, hat also die Gleichung

   $y = 2 \cdot x_K \cdot x + c - x_K^2$ und man erhält die beiden Lösungen $x_A = x_K - \sqrt{c}$ und

   $x_B = x_K + \sqrt{c}$. Das bedeutet, dass die x-Koordinaten der Schnittpunkte von x_K gleich weit entfernt sind, und dass der Abstand von x_A zu x_B unabhängig von K ist.

   (Vergleiche auch Aufgabe 40.)

   Aufgrund der Linearität der Tangente ist der Beweis hier schon fertig.

   Die y-Koordinaten der Schnittpunkte sind $y_A = x_K^2 - 2\sqrt{c} \cdot x_K + c$ und

   $y_B = x_K^2 + 2\sqrt{c} \cdot x_K + c$, als Länge ergibt sich $|AK| = |KB| = \sqrt{c + 4cx_K^2}$.

2. g hat die Gleichung $y = m \cdot x + n$.

   Die Koordinaten der Schnittpunkte mit p_1: $y = x^2$ sind:

   $$x_A = \frac{m}{2} - \sqrt{n + \frac{m^2}{4}} \qquad\qquad x_D = \frac{m}{2} + \sqrt{n + \frac{m^2}{4}}$$

   $$y_A = \frac{m^2}{2} - m\sqrt{n + \frac{m^2}{4}} + n \qquad y_D = \frac{m^2}{2} + m\sqrt{n + \frac{m^2}{4}} + n$$

   Die Koordinaten der Schnittpunkte mit p_2: $y = x^2 + c$ sind:

   $$x_B = \frac{m}{2} - \sqrt{n - c + \frac{m^2}{4}} \qquad\qquad x_C = \frac{m}{2} + \sqrt{n - c + \frac{m^2}{4}}$$

   $$y_B = \frac{m^2}{2} - m\sqrt{n - c + \frac{m^2}{4}} + n \qquad y_C = \frac{m^2}{2} + m\sqrt{n - c + \frac{m^2}{4}} + n$$

   Auch in diesem Fall ergibt sich $|x_B - x_A| = |x_D - x_C|$ und $|y_B - y_A| = |y_D - y_c|$.

3. Für die Flächenberechnung kann man ausnutzen, dass gilt: $|x_K - x_A| = |x_B - x_K| = \sqrt{c}$ (Ergebnis aus 1.). Daher ist der Flächeninhalt des Dreiecks ABC unabhängig von K und beträgt $A_\Delta = c \cdot \sqrt{c}$.

   Der Flächeninhalt des Dreiecks ABC beträgt das 6-fache des Flächeninhalts des Parabelsegmentes AC (siehe Aufgabe 40).

4. Es ist immer wieder faszinierend, dass durch Ordinatenaddition einer Parabel mit einer Geraden „nur" eine verschobene Parabel mit gleichem Öffnungsparameter entsteht. Dies kann man rechnerisch leicht nachweisen, indem man ein geeignetes Koordinatensystem wählt und die Ordinaten der neuen Parabel einfach ausrechnet.

   z. B. p: $y = x^2$ $\qquad$ AC: $y = c^2$ $\qquad\qquad$ CD: $y = m \cdot x + c^2 - m \cdot c$

   Die neue Parabel hat dann die Gleichung $y = x^2 - m \cdot x + m \cdot c$.

   Reizvoll ist es, diese Aufgabe mit einem Geometrieprogramm zu untersuchen. Vielleicht entstehen dann neue Fragen. Wie z. B.:

   Welcher Zusammenhang besteht zwischen der Geradensteigung m und dem Verschiebungsvektor? Wenn man c fest hält und m variiert, auf welcher Ortslinie liegen dann die Scheitelpunkte der neuen Parabeln?

Literatur: P. Gregorius a Santo Vincentio:
Opus geometricum quadraturae circuli et sectionum coni, 1647
(Ernst-August-Bibliothek, Wolfenbüttel)

Flächeninhalte bei Polynomfunktionen

G.STEINBERG/D. HAFTENDORN

1. *Die gestreifte Parabel:* (G. Steinberg)
Gegeben ist eine Normalparabel. Ein zur
y-Achse paralleler Streifen der Breite
b = 2 wandert auf der x-Achse entlang und
schneidet die Parabel in zwei Punkten A
und B. Die beiden Punkte A und B bestimmen das Parabelsegment, das von dem
Streifen abgeschnitten wird. In welcher
Position des Streifens ist die Fläche dieses
Parabelsegmentes maximal?

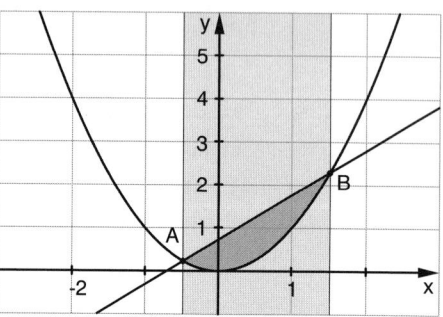

2. *Flächenverhältnis bei einer Polynomfunktion 3. Grades:* (D. Haftendorn)

Gegeben ist die Funktion f durch
$f(x) = \frac{1}{3}x(x^2 - 12)$.

In welchem Verhältnis stehen die beiden
grauen Flächeninhalte?

Gilt dieses Verhältnis für beliebige
Polynome 3. Grades?

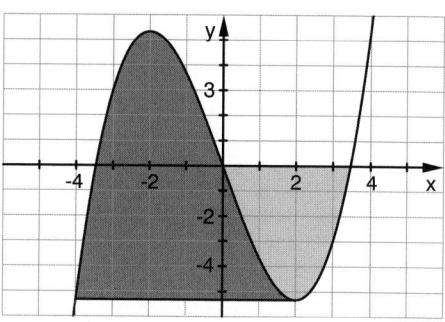

Lösung	11	12	13	GK	LK	Unt	Pro	Kl	Abi	GTR	CAS
40		×		×	×	×		×		×	×

1. Rechnung für allgemeines b:
   Die Schnittpunkte sind $A\left(u \mid u^2\right)$ und $B\left(u + b \mid (u + b)^2\right)$.

   Die Sekante hat die Gleichung $y = (2u + b) \cdot x - u(u + b)$.

   Als Flächeninhalt ergibt sich $A = \int\limits_{u}^{u+b}\left((2u + b)x - u(u + b) - x^2\right)dx = \frac{1}{6}b^3$ und damit ist

   A unabhängig von u. Alle Segmente sind gleich groß!

2. Nullstellen sind bei 0 und $\pm\sqrt{12}$, die Extrempunkte sind $H\left(-2 \mid \frac{16}{3}\right)$ und $T\left(2 \mid -\frac{16}{3}\right)$

   $A_1 = \int\limits_{-4}^{2} \frac{1}{3}x(x^2 - 12) + \frac{16}{3}\, dx = 36$ $\qquad$ $A_2 = \left|\int\limits_{0}^{\sqrt{12}} \frac{1}{3}x(x^2 - 12)\, dx\right| = 12$

   A_1 ist also das Dreifache von A_2.

Da Flächeninhalte invariant gegenüber Kongruenzabbildungen sind, kann man das Verhältnis allgemein für $f(x) = a \cdot x \cdot (x^2 - b)$ mit $a > 0$ berechnen.

Nullstellen sind bei 0 und bei $\pm\sqrt{b}$, die Extrempunkte sind $H\left(-\sqrt{\frac{b}{3}} \,\middle|\, \frac{2}{3}\,ab\sqrt{\frac{b}{3}}\right)$ und $T\left(\sqrt{\frac{b}{3}} \,\middle|\, -\frac{2}{3}\,ab\sqrt{\frac{b}{3}}\right)$.

Die Parallele zur x-Achse durch den Tiefpunkt schneidet den Graphen bei $x = -2\sqrt{\frac{b}{3}}$, ein überraschendes Ergebnis. Die Flächeninhalte betragen also

$$A_1 = \int\limits_{-2\sqrt{\frac{b}{3}}}^{\sqrt{\frac{b}{3}}} \left(ax(x^2 - b) + \frac{2}{3}\,ab\sqrt{\frac{b}{3}}\right) dx = \frac{3}{4}\,ab^2 \quad \text{und}$$

$$A_2 = \left|\int\limits_{0}^{\sqrt{b}} ax(x^2 - b)\,dx\right| = \frac{1}{4}\,ab^2 \quad \text{und somit hat sich die Vermutung bestätigt.}$$

Literatur: Haftendorn, Dörte: „Polynome im Affenkasten", Eigenverlag der Autorin, Lüneburg 1995

Schar von e-Funktionen mit Krümmung
IDEE: H. KÖRNER

1. Untersuchen und klassifizieren Sie die Funktionenschar $f_k(x) = e^x + kx^2$ mit $k \in \mathbb{R}$ und $x \in \mathbb{R}$. Skizzieren Sie charakteristische Repräsentanten.

2. Bestimmen Sie die Ortskurve der Wendepunkte und erläutern Sie das Problem, das sich bei der Bestimmung der Extrempunkte ergibt.

3. Ermitteln Sie die Krümmungsfunktion von f_k und skizzieren Sie diese für die einzelnen Typen der Schar. Beschreiben Sie die auftretenden Besonderheiten.

4. Für welches k gilt $\int\limits_{0}^{1} f_k(x)\,dx = 0$?

Erläutern Sie, was diese Gleichung anschaulich bedeutet.

Lösung	11	12	13	GK	LK	Unt	Pro	Kl	Abi	GTR	CAS
41		×	×		×	×		×	×	■	×

1. k = 0: keine Nullstellen, keine Extrem- und Wendepunkte.

   k > 0: keine Nullstellen und Wendepunkte, ein Tiefpunkt, dessen Koordinaten nicht algebraisch berechnet werden können.

   k < 0: drei Nullstellen für $k < -1,84$ (nicht exakt zu betimmen), eine Nullstelle für $-1,83 < k < 0$. Ein Tiefpunkt für $k < -1,35$ (nicht exakt zu bestimmen). Ein Wendepunkt bei $\left(\ln(-2k) \,\middle|\, -2k + k \cdot (\ln(-2k))^2\right)$.

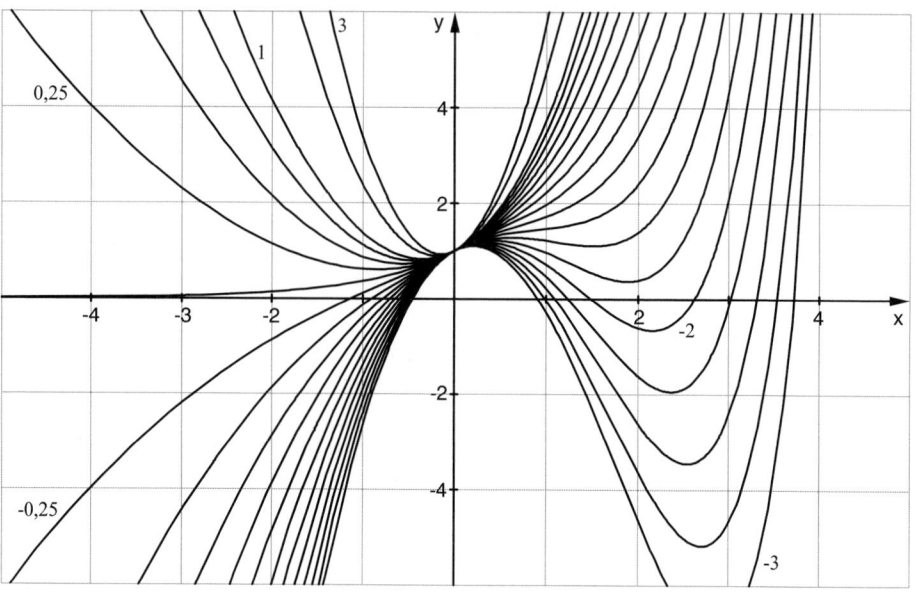

2. Ortslinie der Wendepunkte:

$$y = \tfrac{1}{2}e^x(2 - x^2)$$

Die Ortslinie der Extrempunkte kann nicht exakt bestimmt werden.

3. Krümmungsfunktion:

$$K_k(x) = \frac{e^x + 2k}{\sqrt{\left(1 + (e^x + 2kx)^2\right)^3}}$$

Die x-Werte der Krümmungsextremwerte stimmen bei den negativen k-Werten nicht mit den Extremstellen überein, wie man hätte erwarten können. Obwohl $f_{-1,35}$ keine Extrempunkte hat, gibt es noch zwei deutliche Krümmungsextrema, die man dem Graphen von $f_{-1,35}$ nicht angesehen hätte.

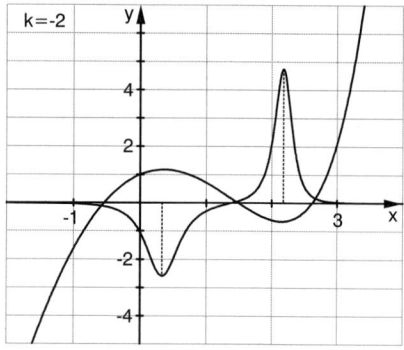

4. $$\int_0^1 e^x + k \cdot x^2 dx = \left[e^x + \tfrac{1}{3}k \cdot x^3\right]_0^1 = e + \tfrac{1}{3}k - 1 = 0$$

$$\Rightarrow k = -3(e - 1) \approx -5{,}15.$$

Die Gleichung bedeutet, dass zwischen 0 und 1 die Flächeninhalte über der x-Achse und unter der x-Achse gleich groß sind. Dies kann nur für ein negatives k der Fall sein.

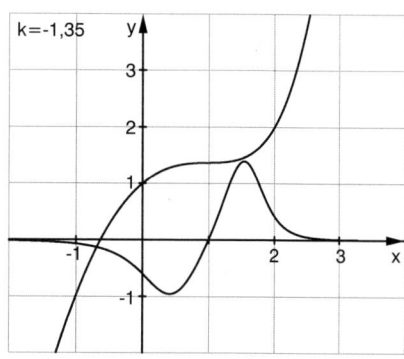

Gegeben ist die Funktionenschar f_a durch $f_a(x) = (x^2 - a)e^{(x+a)}$ mit $x \in \mathbb{R}$, $a \in \mathbb{R}$.
In der Grafik sind einige Kurven und die Hüllkurve der Schar dargestellt.

1. Untersuchen Sie die Schar f_a, um damit eine Klassifikation nach selbstgewählten Kriterien durchführen zu können.

   Kennzeichnen und beschriften Sie mit kurzer Begründung die in der Abbildung dargestellten Graphen bezüglich der von Ihnen vorgenommenen Klassifizierung.

2. Bestimmen Sie die Gleichung der Hüllkurve der Schar und kennzeichnen Sie den Graphen. Untersuchen Sie, welche der Graphen von f_a Berührpunkte mit der Hüllkurve haben.

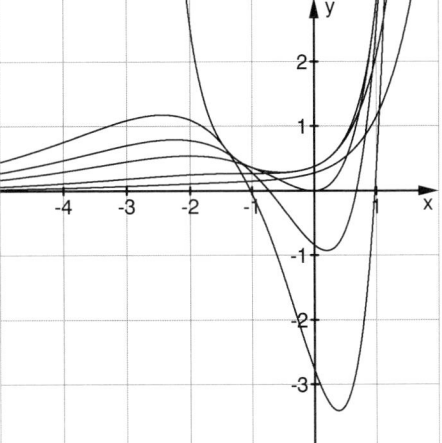

Lösung	11	12	13	GK	LK	Unt	Pro	Kl	Abi	GTR	CAS
42			×		×			■	×	×	■

Besondere Voraussetzung: Hüllkurve (wird in dieser Aufgabe kurz erläutert)

1. Nullstellen für $a \geq 0$ $N_1(-\sqrt{a} \mid 0)$ und $N_2(\sqrt{a} \mid 0)$

   Extrempunkte für $a > -1$ $H\left(-1-\sqrt{a+1} \mid (2+2\sqrt{a+1}) \cdot e^{a-1-\sqrt{a+1}}\right)$

   $T\left(-1+\sqrt{a+1} \mid (2-2\sqrt{a+1}) \cdot e^{a-1+\sqrt{a+1}}\right)$

   Wendepunkte für $a = -1$ $W_1\left(-1 \mid 2e^{-2}\right)$ und $W_2\left(-3 \mid 10 \cdot e^{-4}\right)$

   Wendepunkte für $a \geq -2$ $W_{1/2}\left(-2 \mp \sqrt{a+2} \mid (6 \pm 4\sqrt{a+2}) \cdot e^{a-2\mp\sqrt{a+2}}\right)$

   Wendepunkt für $a = -2$ $W\left(-2 \mid 6 \cdot e^{-4} \approx 0,1\right)$

	Wendepunkte	Extrempunkte	Nullstellen
$a < -2$	-	-	-
$a = -2$	1	-	-
$-2 < a \leq -1$	2	-	-
$-1 < a < 0$	2	2	-
$a = 0$	2	2	1
$a > 0$	2	2	2

für $a \leq -1$
streng monoton
steigend über $\mathbb{R}$

2. *Allgemeines zur Bestimmung von Hüllkurven:*

Die Hüllkurve ist die Begrenzungslinie der Kurvenschar. Sie teilt die x-y-Ebene in zwei Bereiche ein: der eine Bereich wird von den Scharkurven eingenommen, im anderen Bereich liegt kein Kurvenpunkt.

Man kann die Bestimmung der Hüllkurve als Extremwertaufgabe ansehen. Hält man einen Wert x_0 fest, so hat die Menge der Funktionswerte $f_a(x_0)$ einen extremalen (in diesem Fall einen maximalen) Wert. Um a_{max} in Abhängigkeit von x_0 zu erhalten, bildet man die Ableitung von f_a nach a und setzt diese null. Den gefundenen Term von a_{max} setzt man in den Term der Funktionenschar f_a ein.

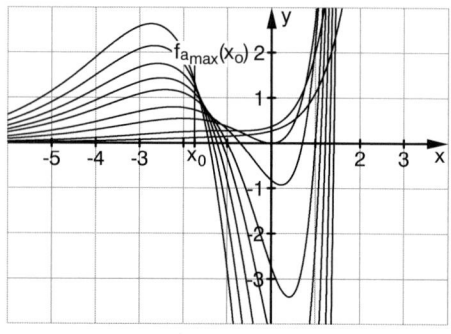

Beispiel: $f_a(x) = (x^2 - a)e^{x+a}$ abgeleitet nach a: $\frac{d}{da}f_a(x) = (x^2 - a - 1)e^{x+a}$

Aus $x^2 - a - 1 = 0$ ergibt sich $a_{max} = x^2 - 1$.

$a = x^2 - 1$ in $f_a(x) = (x^2 - a)e^{x+a}$ eingesetzt ergibt den Term der Hüllkurve:

$h(x) = e^{x^2+x-1}$.

Für welche Werte a existieren Berührpunkte?

$$(x^2 - a)e^{x+a} = e^{x^2+x-1} \quad \Rightarrow \quad x^2 - a = e^{x^2-a-1}$$

Diese transzendente Gleichung ist nicht geschlossen lösbar. Die Substitution $x^2 - a = z$ liefert $z = 1$. Auch aus der vorangegangenen Rechnung kann man schließen, dass die Gleichung $a = x^2 - 1$ nur für $a \geq -1$ Lösungen hat. Es existieren also nur für $a \geq -1$ Berührpunkte.

Aufgabe **43**	**Gauss-Funktionen mit Hüllkurve**	M. Ebenhöh

Gegeben ist die Funktionenschar $f_a(x) = \frac{1}{a}e^{-\frac{1}{2}x^2 + ax}$ mit $x \in \mathbb{R}$ und $a \in \mathbb{R}^*$.

1. Untersuchen Sie, in welchem Zusammenhang die Funktionenschar f_a mit den folgenden Kurven steht:

   $$k_1(x) = xe^{-\frac{1}{2}x^2+1} \qquad k_2(x) = \frac{1}{x}e^{\frac{1}{2}x^2} \qquad k_3(x) = \frac{1}{x-1}e^{\frac{1}{2}x^2-x} \qquad k_4(x) = \frac{1}{x+1}e^{\frac{1}{2}x^2+x}$$

2. Wie groß ist die Fläche im Koordinatensystem, die keinen Punkt der Kurvenschar f_a enthält?

3. Die Hüllkurve und die Ortslinie der Extrempunkte der Schar haben anscheinend zwei Punkte gemeinsam. Überprüfen Sie, ob dies richtig ist und ob es sich um Schnittpunkte oder Berührpunkte handelt.

1. k_2 ist die Ortslinie der Extrempunkte.

   Nachweis: $f_a'(x) = \frac{x-a}{a} e^{-\frac{1}{2}x^2 + ax}$

   Extrempunkte: $\left(a \,\middle|\, \frac{1}{a} e^{\frac{1}{2}a^2} \right)$

   Ortslinie der Extrempunkte:

   $k_2(x) = \frac{1}{x} e^{\frac{1}{2}x^2}$

   k_3 und k_4 sind die Ortslinien der Wende-punkte. Nachweis:

   $f_a''(x) = \frac{(a-x)^2 - 1}{a} e^{-\frac{1}{2}x^2 + ax}$

   Wendepunkte:

   $\left(a-1 \,\middle|\, \frac{1}{a} e^{\frac{1}{2}a^2 - \frac{1}{2}} \right)$ und $\left(a+1 \,\middle|\, \frac{1}{a} e^{\frac{1}{2}a^2 - \frac{1}{2}} \right)$

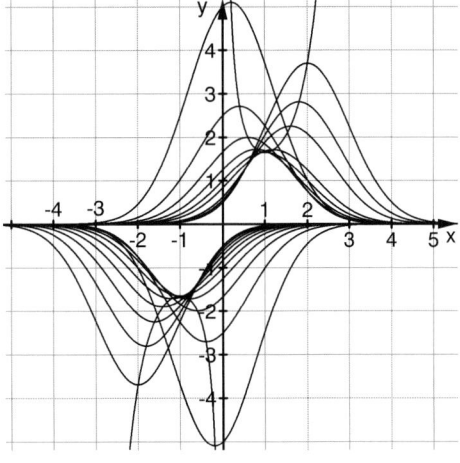

   daraus erhält man die beiden Ortslinien $k_3(x) = \frac{1}{x-1} e^{\frac{1}{2}x^2 - x}$ und $k_4(x) = \frac{1}{x+1} e^{\frac{1}{2}x^2 + x}$.

   k_1 ist die Hüllkurve der Schar. Nachweis:

   $\frac{d}{da}\left(\frac{1}{a} e^{-\frac{1}{2}x^2 + ax} \right) = 0 \quad \Rightarrow \quad -\frac{1}{a^2} e^{-\frac{1}{2}x^2 + ax} + \frac{x}{a} e^{\frac{1}{2}x^2 + ax} = 0 \quad \Rightarrow \quad x = \frac{1}{a}$

   Die Hüllkurve muss also die folgenden Bedingungen erfüllen: $x = \frac{1}{a}$ und

   $y = \frac{1}{a} e^{-\frac{1}{2}x^2 + ax} \quad \Rightarrow \quad k_1(x) = x e^{-\frac{1}{2}x^2 + 1}$ mit $x \neq 0$.

2. Die Fläche der Koordinatenebene, die von keinem Punkt der Kurven erfüllt ist, ist die Fläche zwischen x-Achse und Hüllkurve. Aus Gründen der Symmetrie ergibt sich:

   $A = 2 \int\limits_0^\infty x e^{-\frac{1}{2}x^2 + 1} dx = 2 \left[-e^{-\frac{1}{2}x^2 + 1} \right]_0^\infty = 2e$

3. Wenn Hüllkurve und Ortslinie der Extrempunkte einen gemeinsamen Punkt haben, kann es sich nur um einen Berührpunkt handeln und dieser muss Extrempunkt der Hüll-kurve sein.

   Schnittpunktbestimmung: $x e^{-\frac{1}{2}x^2 + 1} = \frac{1}{x} e^{\frac{1}{2}x^2} \quad \Rightarrow \quad x^2 \cdot e = e^x \quad \Rightarrow \quad x = 1 \lor x = -1$

   Die Berührpunkte sind also $B_1 = \left(1 \,\middle|\, \sqrt{e} \right)$ und $B_2 = \left(-1 \,\middle|\, -\sqrt{e} \right)$, die beiden Extrempunkt der Hüllkurve.

Literatur: Baierlein u. a.: Anschauliche Analysis, Leistungskurs, Ehrenwirth-Verlag

Besondere Voraussetzungen: Rotationsvolumen, Integration durch Substitution

Aufgabe:

Der Kreis K: $(x-2)^2 + (y-3)^2 = 1$ rotiere um die x-Achse.

Zeigen Sie, dass das Volumen des Rotationskörpers (Torus, „Wurfring") durch

$$V = 12\pi \int_1^3 \sqrt{1-(x-2)^2}\,dx$$ berechnet werden kann. Welche Substitution bietet sich an?

Versuchen Sie damit, V möglichst ohne aufwendige Rechnungen zu ermitteln. Welche Entdeckung machen Sie?

Ein Unterrichtsprojekt:

1. *Lösung der Aufgabe:* $V = \pi \int_1^3 (y_1^2 - y_2^2)\,dx = 12\pi \int_1^3 \sqrt{1-(x-2)^2}\,dx = 12\pi \int_{-1}^1 \sqrt{1-z^2}\,dz$

   Überlegung: $\int_{-1}^1 \sqrt{1-z^2}\,dz = \frac{\pi}{2}$ (halber Einheitskreis!) $V = 12\pi \frac{\pi}{2} = 6\pi \cdot \pi$.

   Das Volumen ist gleich dem Produkt aus Flächeninhalt der rotierenden Fläche und dem Weg des Mittelpunktes bei der Rotation.

2. *Ein stützendes Beispiel:*
   Das Quadrat (Abb.) rotiere um die x-Achse. Man erhält (ohne Integralrechnung!) $V = 2\pi \cdot h \cdot a^2$, die Entdeckung wird bestätigt.

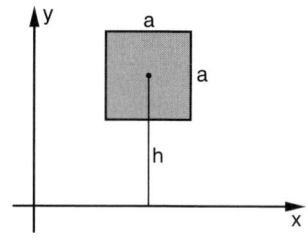

3. *....und wenn es keinen Mittelpunkt gibt?*
   Die Parabel p: $y = ax^2 + s$ $(a, s > 0)$ rotiere um die x-Achse. Berechnen Sie das Volumen des Rotationskörpers in den Grenzen $-t$ und t. (Abb.) Man erhält

   $$V = 2\pi t (at^2 + s)^2 - 2\pi \int_0^t (ax^2+s)^2\,dx,$$ und schließlich

   $$V = 2\pi\left(\tfrac{4}{5}a^2t^5 + \tfrac{4}{3}ast^3\right).$$

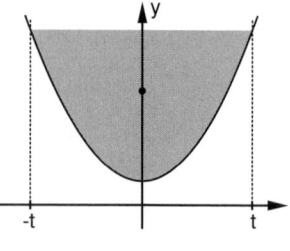

   Der Flächeninhalt der rotierenden Fläche beträgt $\frac{4}{3}at^3$, es gilt also

   $$V = \tfrac{4}{3}at^3 \cdot 2\pi \cdot \left(\tfrac{3}{5}at^2 + s\right).$$

   Dem rotierenden Mittelpunkt entspricht hier der Punkt $P\left(0 \mid \tfrac{3}{5}at^2 + s\right)$.

Diesen Punkt untersuchen wir für verschiedene Beispiele und vermuten, gestützt durch Experimente anhand ausgeschnittener Parabelsegmente, dass es sich um den Schwerpunkt der Fläche handelt.

4. *Vermutung:*

   Gegeben sei eine oberhalb der x-Achse liegende Fläche. Rotiert diese Fläche um die x-Achse, so ist das Volumen des Rotationskörpers gleich dem Produkt aus dem Flächeninhalt der rotierenden Fläche und der Länge des Weges, den der Flächenschwerpunkt bei der Rotation beschreibt.

   (1. Guldinsche Regel, Paul Habakuk Guldin, 1577 - 1643)

   4.1 Bestätigen Sie diese Vermutung am Beispiel eines um die x-Achse rotierenden Dreiecks (Abb.). Lit.[1]

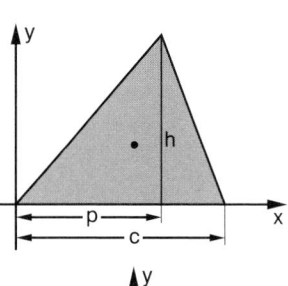

   4.2 Ermitteln Sie - die Richtigkeit der Vermutung, voraussetzend - den Schwerpunkt einer Halbkreisfläche. Bestätigen Sie das Ergebnis durch ein Experiment!

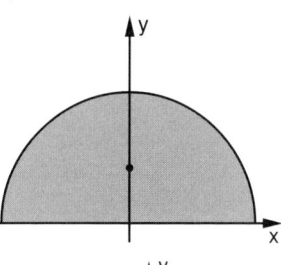

5. *Untersuchung von „Möndchen" (Abb.)*

   Hier kann der Schwerpunkt innerhalb, auf dem Rand oder außerhalb des Möndchens liegen. Ermitteln Sie für diese Fälle Beispiele.

   Mögliche Lösung: K: $x^2 + y^2 = 16$

   K_1: $x^2 + (y+3)^2 = 25$ $\quad$ S(0|2,40)

   K_2: $x^2 + (y+2)^2 = 20$ $\quad$ S(0|2,57)

   K_3: $x^2 + (y+1)^2 = 17$ $\quad$ S(0|2,81)

   Für K*: $x^2 + (y+t)^2 = 16 + t^2$ mit t $\approx$ 1,7243 liegt S auf dem Rand.

   Es ist besonders eindrucksvoll, für den Fall des außerhalb liegenden Schwerpunktes ein Modell anfertigen zu lassen und damit den „horizontal schwebenden" Mond zu bewundern.

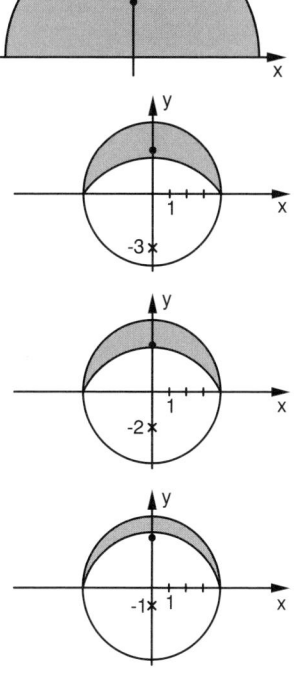

Literatur: [1] Zum beschriebenen Projekt: Steinberg, Günter: Entdecken, Erkennen, Verstehen; MU 5, 1986

[2] Zum Schwerpunkt: Reidt-Wolff: Die Elemente der Mathematik, Band 3, S. 301/302; Schöningh - Schrodel; Paderborn - Hannover ₆1960

[3] E. Oettinger: Physik des Fosbury-Flops in „Kaleidoskop" S. 34 - 39, Klett, Stuttgart 1988

Ellipse und Hyperbel mit den Halbachsen a
und b haben die Gleichungen:

E: $\dfrac{x^2}{a^2} + \dfrac{y^2}{b^2} = 1$ und H: $\dfrac{x^2}{a^2} - \dfrac{y^2}{b^2} = 1$.

In der Zeichnung ist a = 4 und b = 3.
Die Asymptoten verlaufen durch (a | ±b).

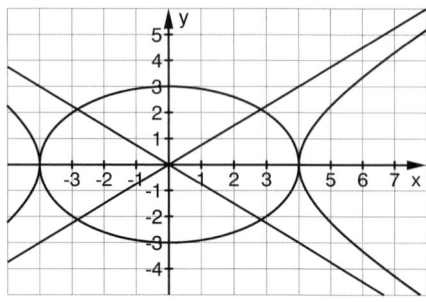

1. Zeigen Sie:
   Das Rotationsellipsoid,
   der darum genau passende Zylinder,
   die Hyperboloidschale mit der Breite a (in
   x-Richtung),
   der Kegel der Höhe 2a aus den Asymptoten und der Körper zwischen diesem Kegel und der Hyperboloidschale haben
   Volumina, die sich aus diesem Baustein
   ergeben:

   $V_{Baustein} = \frac{2}{3} \cdot \pi \cdot a \cdot b^2$

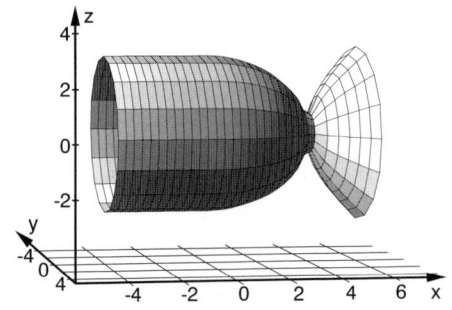

2. Aus dem Kegel der Asymptoten und der
   Hyperboloidschale wird ein Ring der Brei-
   te d (in x-Richtung) gebildet.
   Zeigen Sie, dass er dasselbe Volumen hat,
   wie die Zylinderscheibe der Dicke d.
   Ist dieses Ergebnis unabhängig von der
   Stellung des Ringes?

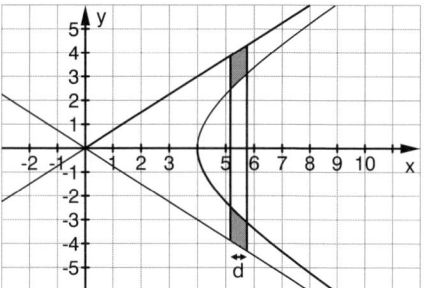

Lösung	11	12	13	GK	LK	Unt	Pro	Kl	Abi	GTR	CAS
45		×	×	×	■	×		■		×	■

Besondere Voraussetzungen: Volumen von Rotationskörpern

Nach Auflösen der Kegelschnittgleichungen nach y^2 erhält man:

$$V_{Ellipsoid} = \pi \int_{-a}^{a} y^2 dx = \frac{4}{3}\pi ab^2 = 2 \cdot V_{Baustein} \qquad V_{Zylinder} = 2a\pi b^2 = 3 \cdot V_{Baustein}$$

$$V_{Hyperboloid} = \pi \int_{a}^{2a} y^2 dx = \frac{4}{3}\pi ab^2 = 2 \cdot V_{Baustein} \qquad V_{Kegel} = \frac{1}{3}\pi(2b)^2 \cdot (2a) = 4 \cdot V_{Baustein}$$

Die Hyperboloidschale hat dasselbe Volumen wie das Ellipsoid; nimmt man aus dem Kegel
die Schale heraus, so bleibt genauso viel übrig, wie man weggenommen hat.

2. Man berechnet an einer Stelle x = c eine Scheibe der Dicke d aus der Hyperboloidschale und zieht diese vom Kegelstumpf der Dicke d, der von x = c bis x = c + d reicht, ab. Dabei fallen alle Terme mit c heraus. Ist es also gleichgültig, an welcher Stelle c sich der „Ring" befindet? Übrig bleibt $V_{Ring} = \pi \cdot d \cdot b^2$, also das Volumen einer Scheibe mit der Dicke d aus dem Zylinder, der um das Ellipsoid passt.

Literatur: D. Haftendorn: Polynome im Affenkasten und andere Ideen zum freieren Arbeiten, Eigenverlag der Autorin, Lüneburg 1996

| Aufgabe 46 | Parallele Kurven | M. EBENHÖH |

Ein Weinglas hat die Form eines Paraboloids. Der Längsschnitt der Innenseite lässt sich durch eine Normalparabel beschreiben, die Glaswand ist überall 0,2 cm dick.
Durch welche Kurve lässt sich der Längsschnitt der Außenseite beschreiben?

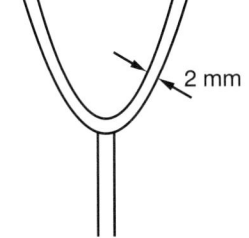

2 mm

Erweiterungen:
Zeichnen Sie die Kurvenschar der zur Normalparabel parallelen Kurven im Abstand k. Untersuchen Sie, unter welchen Bedingungen es zu auffälligen Besonderheiten kommt.

Lösung 46	11	12	13	GK	LK	Unt	Pro	Kl	Abi	GTR	CAS
			×	■	×	×				■	×

Besondere Voraussetzungen: Parametrisierte Kurven

Man wird zunächst probieren, ob eine Parabel geeignet ist, aber es erweist sich, dass keine Parabel der Gleichung $y = ax^2 - c$ parallel zur Normalparabel ist. Um die Aufgabe lösen zu können, muss die parametrisierte Form gewählt werden. Ein Punkt P der Normalparabel hat die Koordinaten $\left(t \,|\, t^2\right)$. Die Normale in P hat den Richtungsvektor $\vec{v} = \begin{pmatrix} 2t \\ -1 \end{pmatrix}$. Dieser

Richtungsvektor soll nun die Länge 0,2 haben, also $\vec{v}_{0,2} = \dfrac{0,2}{\sqrt{4t^2+1}} \begin{pmatrix} 2t \\ -1 \end{pmatrix}$.

Für die parallele Kurve gilt also: $x(t) = t + \dfrac{0,4t}{\sqrt{4t^2+1}}$ $y(t) = t^2 - \dfrac{0,2}{\sqrt{4t^2+1}}$

Lösung der Erweiterung:
$x(t) = t + \dfrac{2kt}{\sqrt{4t^2+1}}$ $y(t) = t^2 - \dfrac{k}{\sqrt{4t^2+1}}$

Ist der Abstand größer als der Radius des Scheitelkrümmungskreises, so entstehen Spitzen und Überschneidungen.
Warum?
Man könnte nun auch untersuchen, auf welcher Kurve die Spitzen liegen (CAS!)

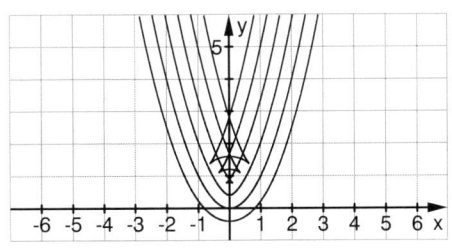

1. **GK/LK**

   Bestimmen Sie die Evolute der Parabel p: $y = ax^2$ mit $a \neq 0$.

2. **LK**

   Die Kettenlinie K: $x \mapsto \cosh(x) = \frac{e^x + e^{-x}}{2}$ hat viele interessante Eigenschaften.

   Es sei $P_0\left(x_0 \mid y_0\right)$ ein beliebiger Punkt von K. Dann gilt:

   a) Wenn φ der Steigungswinkel der Tangente in P_0 ist, so ergibt sich $|\cos \varphi| = \frac{1}{y_0}$.

   b) Die Krümmung von K in P_0 beträgt $k(x_0) = \frac{1}{y_0{}^2}$.

   c) Wenn die Normale in P_0 die x-Achse in N schneidet, so ist $|P_0 N| = y_0{}^2$.

   Beweisen Sie diese Behauptungen. Überlegen Sie, wie man mithilfe dieser Sätze die Tangente und den Krümmungskreis in P_0 konstruktiv ermitteln kann. Führen Sie die Konstruktion für mehrere Punkte durch!
   Beschreiben Sie die Evolute der Kettenlinie in parametrisierter Form.
   Bestimmen Sie die Bogenlänge und den Inhalt der Fläche zwischen Kettenlinie und x-Achse jeweils in den Grenzen 0 und x_0. Was fällt auf?

3. **GK/LK**

   Untersuchen Sie die Evolute des Kreises K: $x^2 + y^2 = 25$.

4. **GK/LK**

   a) Betrachten Sie die Graphenpaare (Kurve; Evolute), z. B. zu den Aufgaben 1 und 2, legen Sie in einzelnen Punkten an die Evoluten Tangenten. Welche Vermutung haben Sie?

   b) Beweisen Sie diese Vermutung möglichst allgemein oder für ein Beispiel (etwa Aufgabe 1 mit a = 0,5).

5. **LK**

   Die Abb. zeigt eine Holzplatte mit den eingetragenen Maßen, die Randkurve ist durch die Gleichung $y = 1 + \frac{3}{2} \cdot \sqrt[3]{x^2}$ zu beschreiben. Von A aus ist ein geradlinig verlaufender Faden gespannt, an dessen Endpunkt Q ein Stift in einer Schlaufe den Faden festhält. Jetzt hält man den Faden gestrafft und lässt ihn an der Kurve „abrollen", der Stift beschreibt eine Kurve K^*. Vermutung? Beweis?

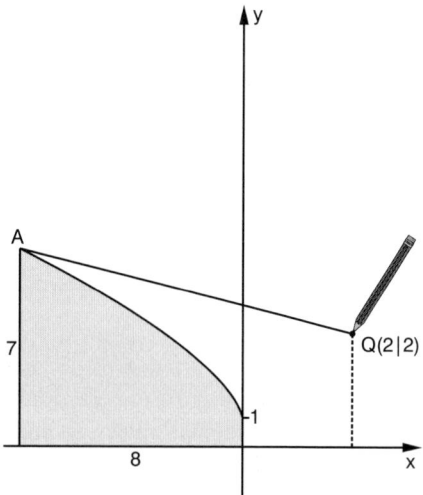

Besondere Voraussetzungen: Krümmung, Krümmungskreis, Hyperbelfunktionen

Der Krümmungskreis in einem Punkt $(x_0 \mid y_0)$ an die Kurve zu f mit $y = f(x)$ hat die

Koordinaten (*) $x_m = x_0 - \dfrac{\left(1 + f'^2(x_0)\right) \cdot f'(x_0)}{f''(x_0)}$ und $y_m = f(x_0) + \dfrac{1 + f'^2(x_0)}{f''(x_0)}$.

Die Ortskurve der Krümmungskreismittelpunkte von f heißt **Evolute von f**. Sie ist durch (*) in parametrisierter Form bereits festgelegt, kann im Einzelfall in einer Form $y_m = g(x_m)$ dargestellt werden.

1. Man erhält aus $x_m = -4a^2 x_0{}^3$ und $y_m = \frac{1}{2a} + 3a x_0{}^2$

    die Evolute $e_f(x) = \frac{1}{2a} + \frac{3}{2} \sqrt[3]{\frac{x^2}{2a}}$.

2. a) Mit $\tan \varphi = \sinh x_0$ ergibt sich $|\cos \varphi| = \dfrac{1}{\sqrt{1 + \tan^2 \varphi}} = \dfrac{1}{\sqrt{1 + \sinh^2 x_0}} = \dfrac{1}{\cosh x_0} = \dfrac{1}{y_0}$.

    b) $k(x) = \dfrac{\cosh x}{\sqrt{1 + \sinh^2 x}^3} = \dfrac{1}{\cosh^2 x} = \dfrac{1}{y_0{}^2}$.

    c) Für die Abzisse des Schnittpunktes der Normale in P_0 mit der x-Achse erhält man nach wenigen Umformungen $x_s = x_0 + \sinh x_0 \cosh x_0$ und damit

    $|P_0 N|^2 = (x_s - x_0)^2 + y_0{}^2 = \sinh^2 x_0 \cosh^2 x_0 + \cosh^2 x_0 = \cosh^4 x_0$.

Konstruktion: (s. Abb.)

Man legt $H(x_0 \mid 1)$ fest. Der Kreis um H mit Radius $r = y_0$ schneidet die x-Achse in Q. Die Parallele durch P_0 zu $\overline{HQ}$ schneidet die x-Achse in N. $\overline{P_0 N}$ ist die Normale in P_0, der Kreis um P_0 mit $r = |P_0 N|$ schneidet die Normale im Krümmungskreismittelpunkt M_0.

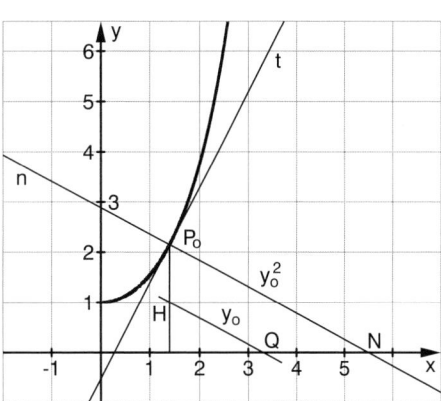

Aus $s = \displaystyle\int_0^{x_0} \sqrt{1 + \sinh^2 x}\; dx = \int_0^{x_0} \sqrt{\cosh^2 x}\; dx = \left[\sinh x\right]_0^{x_0} = \sinh x_0$

und $A = \displaystyle\int_0^{x_0} \cosh x\; dx = \sinh x_0$

ergibt sich, dass die Maßzahlen der Länge und des Flächeninhalts gleich sind.

3. Die Evolute ist der Mittelpunkt $(0|0)$ des Kreises.

4. a) Man vermutet, dass die Tangente an die Evolute die Kurve rechtwinklig schneidet, also eine Normale dieser Kurve ist.

   b) Die Tangente an die Kurve K: $x = \varphi(t)$; $y = \psi(t)$ hat die Steigung

   $(*)\dfrac{dy}{dx} = \dfrac{dy}{dt} : \dfrac{dx}{dt}$ (Kettenregel und Differentation der Umkehrung von f.)

   Für den Punkt $(\xi | \eta)$ der Evolute gilt

   $$\xi = x_0 - \frac{\left(1 + f'^2(x_0)\right) f'(x_0)}{f''(x_0)} \quad\quad \text{und} \quad\quad \eta = f(x_0) + \frac{1 + f'^2(x_0)}{f''(x_0)}.$$

   In $(*)$ erhält man damit mit x_0 als Parameter

   $$\frac{dy}{dx_0} = \frac{3f' \cdot f''^2 - f'^2 \cdot f''' - f'''}{f''^2} \quad\quad \text{und} \quad\quad \frac{dx}{dx_0} = \frac{-3f'^2 \cdot f''^2 + f' \cdot f''' + f'^3 \cdot f''}{f''^2}$$

   wobei zur Abkürzung f' für $f'(x_0)$, f'' für $f''(x_0)$, f''' für $f'''(x_0)$ gesetzt wurde.

   Man erhält dann $\dfrac{dy}{dx} = -\dfrac{1}{f'(x_0)}$, q.e.d.

5. Man sollte das Experiment wirklich durchführen!
   Als Gleichung von K^* vermutet man dann: $y = \frac{1}{2}x^2$.

   Vergleicht man mit Aufgabe 1 (Kurve $y = \frac{1}{2}x^2 \Rightarrow$ Evolute $y = 1 + \frac{3}{2} \cdot \sqrt[3]{x^2}$), liegt der Verdacht nahe, dass K die Evolute von K^* ist, was ja gerade in Aufgabe 1 gezeigt wurde! Man muss nun zeigen, dass die Differenz benachbarter Krümmungskreisradien von K^* ebenso groß ist, wie das Bogenstück zwischen den zugehörigen Punkten, den Mittelpunkten der Krümmungskreise, auf K.

   Die Krümmungskreisradien von K^*: $y = \frac{1}{2}x^2$ werden durch $r = \sqrt{1 + x^2}^{\,3}$ beschrieben.

   Das Bogenstück auf K ist

   $$b\Big|^{x_{m2}}_{x_{m1}} = \left| \int^{x_{m2}}_{x_{m1}} \sqrt{1 + f'^2(x)}\, dx \right| = \left| \int^{x_{m2}}_{x_{m1}} \sqrt{1 + x^{-\frac{2}{3}}}\, dx \right|$$

   Hinweis: Es gibt CAS, die hier versagen!

   Es gilt: $\displaystyle\int \sqrt{1 + x^{-\frac{2}{3}}}\, dx = \frac{3}{2} \int \sqrt{z + 1}\, dz = \frac{3}{2} \int \sqrt{t}\, dt = t^{\frac{3}{2}} = (z + 1)^{\frac{3}{2}} = \left(1 + x^{\frac{2}{3}}\right)^{\frac{3}{2}}$

           mit $z = x^{\frac{2}{3}}$ und $t = z + 1$

   $$b\Big|^{x_{m2}}_{x_{m1}} = \left| \left[\left(1 + x^{\frac{2}{3}}\right)^{\frac{3}{2}} \right]^{x_{m2}}_{x_{m1}} \right| = \left| \left[\left(1 + x^{\frac{2}{3}}\right)^{\frac{3}{2}} \right]^{-x_2^{\frac{3}{}}}_{-x_1^{\frac{3}{}}} \right| = \left| \left(1 + x_2^{\frac{2}{3}}\right)^{\frac{3}{2}} - \left(1 + x_1^{\frac{2}{3}}\right)^{\frac{3}{2}} \right| = |r_2 - r_1|$$

   Diese hier im Einzelfall bewiesene Eigenschaft gilt stets für Kurven und deren Evoluten.

Entstehung der Astroide - Unterrichtsprojekt

M. EBENHÖH

Eine Leiter der Länge c steht an einem Baum. Wenn man diese Situation in ein Koordinatensystem überträgt, so kann man eine Schar bestimmen, die alle Positionen einer Strecke der Länge c zwischen den Koordinatenachsen beschreibt.

$(*)\ bx + ay = ab$ mit $a^2 + b^2 = c^2$

Der Parameter der Schar sei a mit $a \in [\ -c;\ c]$, und b ist abhängig von a durch die Beziehung $b^2(a) = c^2 - a^2$.

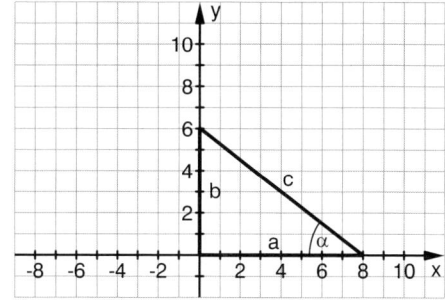

1. Zeichnen Sie die Schar für c = 10 und formulieren Sie Fragen.

2. Geben Sie die Streckenschar in einer anderen Form an, indem Sie als Parameter den Winkel α zwischen der Strecke und der x-Achse wählen.

3. Angenommen c = 10. Eine Leitersprosse in der Höhe 4 (bzw. der entsprechende Punkt der Strecke) beschreibt eine Kurve, wenn die Leiter bewegt wird. Ermitteln Sie die Art der Kurve und ihre Bestimmungsgleichung.
   Führen Sie dies für einen beliebigen Punkt auf der Strecke mit c = 10 durch, und zeichnen Sie die entsprechende Kurvenschar.

4. Zeigen Sie, dass die Streckenschar von einer Kurve mit der Gleichung $x^{\frac{2}{3}} + y^{\frac{2}{3}} = c^{\frac{2}{3}}$ eingehüllt wird; diese Kurve heißt Astroide.

Lösung 48	11	12	13	GK	LK	Unt	Pro	Kl	Abi	GTR	CAS
		■	✕	■	✕	✕	✕			■	✕

Besondere Voraussetzungen: parametrisierte Kurven, Hüllkurven

1. Die auftretenden Fragen werden z. T. in den nächsten Aufgaben behandelt. Eine der Fragen könnte sein: „Wie kann man die Strecken gleichmäßiger verteilen, so dass das Muster schöner wird?"

2. Es gilt a = c cos α und b = c sin α, also x sin α + y cos α = c sin α cos α. (Diese Form der Gleichung wurde gewählt, damit auch z. B. α = 0° und α = 90° zugelassen sind.)

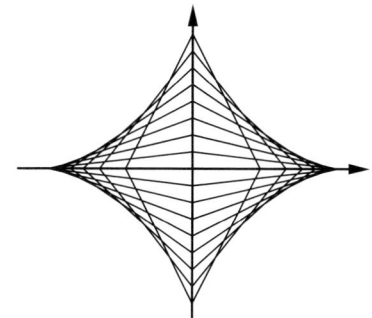

3. Jeder Punkt der Strecke beschreibt eine Ellipse.

Rechnung für c = 10, Sprosse an der Stelle 4:

Nach dem Strahlensatz gilt:

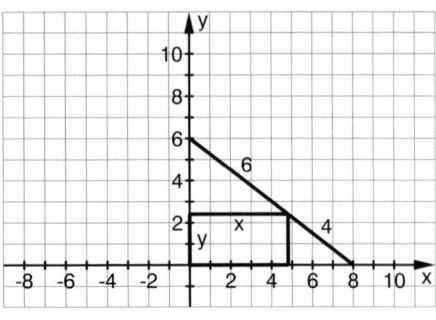

$\frac{y}{b} = \frac{4}{10}$ und $\frac{x}{a} = \frac{6}{10}$

$\frac{y^2}{b^2} = \frac{16}{100} \quad \Rightarrow \quad b^2 = \frac{100y^2}{16}$

$\frac{x^2}{a^2} = \frac{36}{100}$

$a^2 = 100 - b^2 = 100 - \frac{100y^2}{16}$

Daraus ergibt sich die Ellipsengleichung: $\frac{x^2}{36} + \frac{y^2}{16} = 1$

(Mittelpunkt (0 | 0), Halbachsen a = 6, b = 4).

Allgemeine Berechnung mit Parameter α:
Der Punkt P teile die Strecke im Verhältnis q (0 < q < 1). Die Koordinaten von P sind: x = q a und y = (1 – q) b.
Daraus folgt unmittelbar die Ellipsengleichung in parametrisierter Form:

$\begin{cases} x(\alpha) = cq \cos \alpha \\ y(\alpha) = c(1\text{-}q) \sin \alpha \end{cases}$

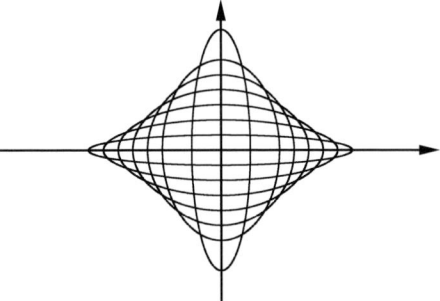

4. Die Hüllkurve ist nicht einfach zu bestimmen. Die Strategie, möglichst lange die Symmetrie (x, a) $\leftrightarrow$ (y, b) auszunutzen, ergibt den geringsten Rechenaufwand. Hier werden Rechnungen für die Form (*) durchgeführt. Sie sind noch etwas einfacher, wenn man die Form aus (2) verwendet, also den Parameter α wählt.
Ausgehend von (*) schneidet man zwei infinitesimal benachbarte Geraden, d. h. man bildet zunächst die Ableitung nach a und setzt diese dann 0.

(*) abgeleitet: $\qquad \frac{d}{da}(bx + ay - ab) = 0 \qquad \Rightarrow \qquad xb' + y - b - ab' = 0$

und: $\qquad \frac{d}{da}(b^2 = c^2 - a^2) \qquad \Rightarrow \qquad bb' = -a$

Aus diesen beiden Gleichungen ergibt sich die Bedingung für die Hüllkurve:
(**) $yb - xa + a^2 - b^2 = 0$
Die Hüllkurve muss also die Bedingungen

(*) $\quad$ bx + ay = ab $\qquad$ und

(**) $\quad$ ax – by = $a^2 - b^2$ erfüllen.

Lösung des Gleichungssystems:

$a \cdot (*) - b \cdot (**) \qquad \Rightarrow \qquad c^2 x = a^3 \qquad\qquad b \cdot (*) + a \cdot (**) \quad \Rightarrow \quad c^2 y = b^3$

zusammen mit der Bedingung $a^2 + b^2 = c^2 \qquad$ also $\quad x^{\frac{2}{3}} + y^{\frac{2}{3}} = c^{\frac{2}{3}}$

Geht man von der Parameterform aus Aufgabe (2) aus, so erhält man für die Astroide:

$\begin{cases} x(\alpha) = c \cos^3 \alpha \\ y(\alpha) = c \sin^3 \alpha \end{cases}$

Geheimnisse der Astroide

E. LEHMANN

Gegeben ist die Astroide $\begin{cases} x(\alpha) = 2\,\cos^3\alpha \\ y(\alpha) = 2\,\sin^3\alpha \end{cases}$

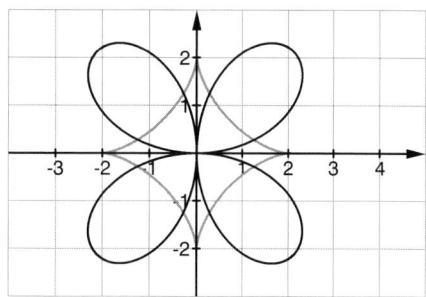

1. In der Abbildung sind die Astroide $[x(\alpha), y(\alpha)]$ und die Kurve der Ableitungen $[\dot{x}(\alpha), \dot{y}(\alpha)]$ dargestellt.
   Erläutern Sie die Zusammenhänge.

2. Ermitteln Sie mithilfe der folgenden Gleichungen die Kurve der Krümmungskreismittelpunkte der Astroide. (Siehe auch Formeln im Anhang.)

   $$x_M = x - T\dot{y} \quad \text{und} \quad y_M = y + T\dot{x} \quad \text{mit } T = \frac{\dot{x}^2 + \dot{y}^2}{\dot{x}\ddot{y} - \dot{y}\ddot{x}} \text{ wobei } \dot{x},\ \dot{y},\ \ddot{x},\ \ddot{y} \text{ die}$$

   koordinatenweisen Ableitungen nach α sind. Zeigen Sie zunächst, dass $T = -1$ ist.

3. Bestimmen Sie den Krümmungskreis der Astroide für $\alpha = 45°$. Vergleichen Sie den Kreisbogen mit der Astroide.

   Radius des Krümmungskreises: $R = \left| \dfrac{\left(\dot{x}^2 + \dot{y}^2\right)^{\frac{3}{2}}}{\dot{x}\ddot{y} - \dot{y}\ddot{x}} \right|$

Lösung 49	11	12	13	GK	LK	Unt	Pro	Kl	Abi	GTR	CAS
			×		×	×	×			■	×

Besondere Voraussetzungen: parametrisierte Kurven, Krümmungskreis, Evolute

1. Mit $\alpha = 0$ beginnt die Astroide bei $(2|0)$. Die Kurve der koordinatenweisen Ableitungen zeigt die Veränderungen der Koordinaten mit zunehmendem Winkel α; zunächst negativ in x-Richtung und positiv in y-Richtung. (Abb. 1) Allerdings entspricht der Parameter α nicht direkt dem Winkel im Koordinatensystem, wie in Abb. 2 deutlich wird.

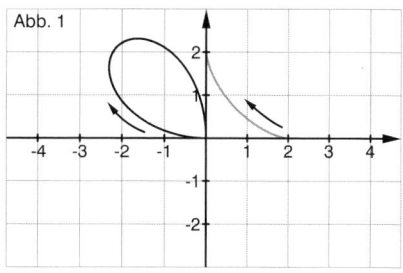

Abb. 1

In Abb. 2 wurde der Parameter α zwischen 0° und 90° in 12 gleiche Teile zerlegt und dazu die Punkte der Astroide berechnet. Nun wird deutlich, dass in der Gegend der Spitze der Astroide die Änderungen der Koordinaten betragsmäßig am geringsten sind, die betragsmäßig größten Veränderungen findet man bei $\alpha = 45°$.

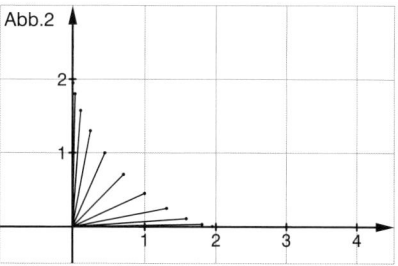

Abb.2

2. Ableitungen:

$x(\alpha) = 2\cos^3\alpha$; $\quad \dot{x}(\alpha) = -6\cos^2\alpha\sin\alpha$; $\quad \ddot{x}(\alpha) = -6\left(-2\cos\alpha\sin^2\alpha + \cos^3\alpha\right)$

$y(\alpha) = 2\sin^3\alpha$; $\quad \dot{y}(\alpha) = 6\sin^2\alpha\cos\alpha$; $\quad \ddot{y}(\alpha) = 6\left(2\sin\alpha\cos^2\alpha - \sin^3\alpha\right)$

Kurve der Krümmungskreismittelpunkte:

$x_M = x + \dot{y} = 2\cos\alpha\left(\cos^2\alpha + 3\sin^2\alpha\right)$

$\qquad = 6\cos\alpha - 4\cos^3\alpha$

$y_M = y - \dot{x} = 2\sin\alpha\left(\sin^2\alpha + 3\cos^2\alpha\right)$

$\qquad = 6\sin\alpha - 4\sin^3\alpha$

Es handelt sich wieder um eine Astroide. Sie ist durch eine Drehstreckung entstanden, Zentrum (0 | 0), Drehwinkel 45°, Streckfaktor 2.

Matrix der Abbildung:

$2\begin{pmatrix} \cos 45° & -\sin 45° \\ \sin 45° & \cos 45° \end{pmatrix} = \begin{pmatrix} \sqrt{2} & -\sqrt{2} \\ \sqrt{2} & \sqrt{2} \end{pmatrix}$

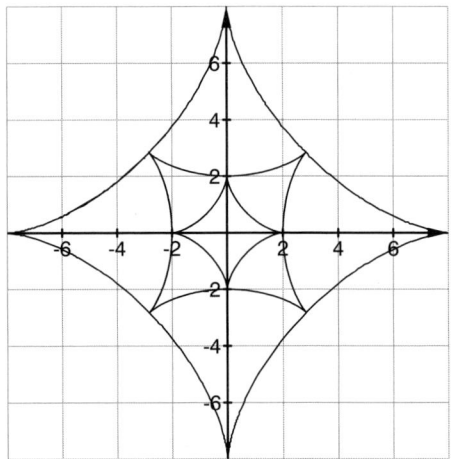

3. Mittelpunkt des Krümmungskreises

$M\left(2\sqrt{2} \,\middle|\, 2\sqrt{2}\right)$

Radius des Krümmungskreises R = 3

Der Kreisbogen stimmt recht gut mit der Astroide überein. Nur an den Spitzen ist die Abweichung etwas größer:

$|MS| = \sqrt{\left(2\sqrt{2} - 2\right)^2 + \left(2\sqrt{2}\right)^2} \approx 2{,}95$

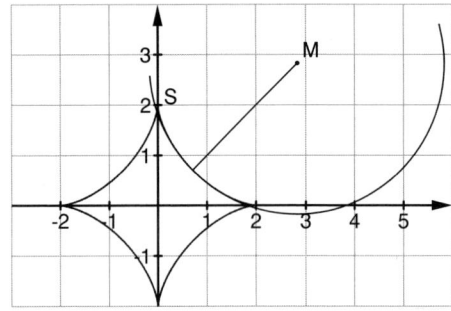

Erweiterung:
Bogenlänge und Flächeninhalt der Astroide haben interessante Werte!

Projekt 50 Rosetten und deren Verwandte G. STEINBERG/D. HAFTENDORN

	11	12	13	GK	LK	Unt	Pro	Kl	Abi	GTR	CAS
		×	×	×	×	■	×			×	■

Besondere Voraussetzungen: Kurven in Polardarstellung, Winkel, Flächeninhalt, Bogenlänge

1. Aufgabe (G. Steinberg [1]):

Fertigen Sie für die folgenden drei Probleme Zeichnungen an, mit deren Hilfe Sie die gesuchten Bahnkurven ermitteln können.

Problem 1: Auf einer Ursprungsgeraden schwinge ein Punkt vom Ursprung aus harmonisch, während sich die Gerade gleichförmig um 0 dreht. Einer vollen Schwingung des Punktes möge dann eine Halbdrehung der Geraden entsprechen.

Problem 2: Um den Mittelpunkt O einer Kreisscheibe drehen sich zwei Zeiger $\overline{OQ}$ und $\overline{OQ'}$ der Länge c, wobei $\overline{OQ'}$ dreifache Drehgeschwindigkeit wie $\overline{OQ}$ aufweist. Man fälle von Q' auf $\overline{OQ}$ das Lot.

Welche Bahnkurve beschreibt der Lotfußpunkt?

Problem 3: Eine Strecke der Länge c gleitet mit den Endpunkten auf den Achsen eines kartesischen Koordinatensystems. Welche Bahnkurve beschreibt dabei der Lotfußpunkt des Lotes von O auf die Strecke?

Lösung:

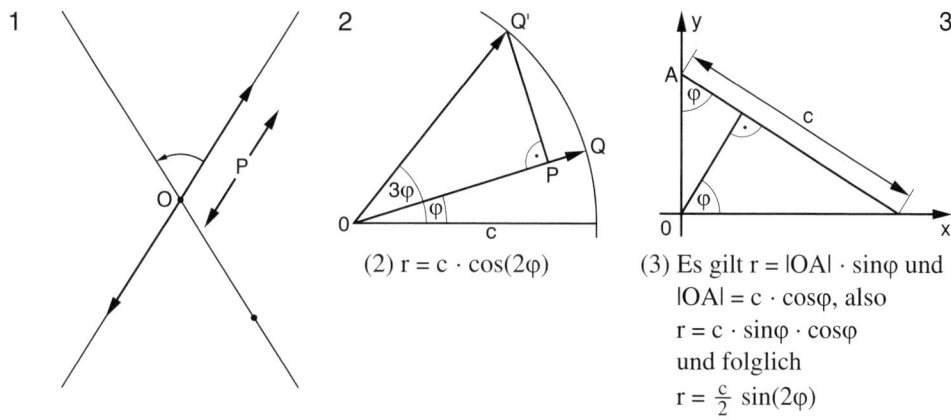

(2) $r = c \cdot \cos(2\varphi)$

(3) Es gilt $r = |OA| \cdot \sin\varphi$ und $|OA| = c \cdot \cos\varphi$, also

$r = c \cdot \sin\varphi \cdot \cos\varphi$

und folglich

$r = \frac{c}{2} \sin(2\varphi)$

(1) Bezeichnet man die Auslenkung des schwingenden Punktes mit r, so gilt

$r = c \cdot \sin\frac{2\pi}{T} \cdot t$, $0 \leq t \leq T$ für eine volle Schwingung.

Wenn φ den Drehwinkel der Geraden gegen die Polachse bezeichnet, so gilt aufgrund der oben genannten Bedingung $\varphi = \pi\frac{t}{T}$, also gibt $r = c \cdot \sin(2\varphi)$ die jeweilige Position des schwingenden Punktes an.

Die Bahnkurven sind also durch $r = c \cdot \sin(2\varphi)$ zu beschreiben, wobei man im 2. Problem die Kurve um $\frac{\pi}{2}$ um 0 drehen muss.

2. Aufgabe:

Untersuchen Sie die Rosette R: $r = \sin(2\varphi)$.

Lösung:

Man erhält eine „Vierblatt-Rosette", deren Tangenten in 0 paarweise aufeinander senkrecht stehen. Der Flächeninhalt beträgt $A = \frac{\pi}{2}$, also die Hälfte des Umkreisinhaltes!

$$\left(A = 8 \cdot \frac{1}{2} \int\limits_0^{\frac{\pi}{4}} \sin^2(2\varphi)\, d\varphi\right)$$

Die Bogenlänge ergibt sich aus $s = 8 \cdot \int\limits_0^{\frac{\pi}{4}} \sqrt{1 + 3\cos^2(2\varphi)}\, d\varphi \approx 9{,}7$, ein wenig einladendes Ergebnis, das man durch „Nachmessen" in einer guten Zeichnung einmal kontrollieren sollte!

3. Aufgabe:

Untersuchen Sie die Rosetten R_n: $r = \sin(n \cdot \varphi)$ mit $n \in \mathbb{N}$ und $n \geq 2$.
Welcher Sonderfall würde sich für $n = 1$ ergeben?

Lösung:

Man wird den Sonderfall $n = 1$ (Kreis!) wohl nicht zu den Rosetten zählen. Es gibt eine überraschende Entdeckung: Für gerades n hat die Rosette $2n$ Blätter, für ungerades n nur n Blätter! (Bei ungeradem n ist die Rosette bereits mit $\varphi \in [0; \pi]$ vollständig durchlaufen und wird mit $\varphi \in [\pi; 2\pi]$ lediglich noch einmal dargestellt.) Für gerades n ist der Flächeninhalt stets $\frac{\pi}{2}$, für ungerades n stets $\frac{\pi}{4}$.

Es bietet sich noch an, für verschiedene n die Winkel im Pol zu bestimmen.

4. Aufgabe (D. Haftendorn [2]):

Untersuchen Sie die Kurve K: $r = \varphi \cdot \sin(3\varphi)$ und vergleichen Sie K mit der Rosette R_3: $r = \sin(3\varphi)$.

Lösung:

Man erhält für K eine „Propellerblüte"!

Der erste Flügel ($0 \leq \varphi \leq 1$) liegt zunächst im ersten Rosettenblatt, umfasst dann ($1 < \varphi \leq \frac{\pi}{3}$) dieses Blatt. Die weiteren Flügel umspannen dann immer weiter die Rosettenblätter. Im Gegensatz zur Rosette sind die „Blütenblätter" weder paarweise kongruent noch achsensymmetrisch. Interessant sind weiterhin die Untersuchung der Flächeninhalte der Blütenblätter, der Vergleich von

K: $r = \varphi \cdot \sin(2\varphi)$ mit R: $r = \sin(2\varphi)$, ...

5. Aufgabe (D. Haftendorn [2]):

Untersuchen Sie die Kurve K: r = ln φ · sin(5φ).

Lösung:

Man erhält wieder eine rosettenartige Kurve, deren „Extrablatt" einer Erklärung bedarf:

$$r(\varphi) = 0 \quad \Rightarrow \quad \ln\varphi = 0 \quad \vee \quad \sin(5\varphi) = 0$$
$$\Rightarrow \quad \varphi = 1 \quad \vee \quad \varphi = \frac{\pi}{5}z \qquad z \in \mathbb{N}$$

Für die Erklärung ist es sinnvoll, die Funktion r und ihre „Bausteine" in gewöhnlicher Art zu zeichnen, mit φ als Rechtsachse. In dieser Darstellung erbt die Funktion r ihre Nullstellen vom Sinus, eine zusätzliche aber vom Logarithmus. Dadurch entsteht der Zipfel, der nicht in den Fünferrhythmus passt.

Am Anfang, hinter φ = 1 ist noch dieser Minizipfel nach unten da!

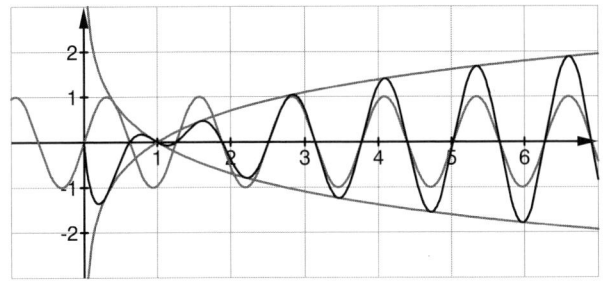

Hinweis:

Es ist reizvoll, weitere Verwandte selbst zu entwickeln, z. B.

K: r = cos φ · sin(3φ) eine merkwürdige Kurve, deren Blätter wiederum in einer Bausteinbetrachtung Erklärung finden, man vergleiche sie mit r = sin φ · cos(3φ).

K: r = $\frac{1}{\varphi}$ sin(3φ) ist durch ihr Verhalten für

φ → 0 und φ → ∞ besonders untersuchungswürdig, wobei man vielleicht von φ ∈]0; ∞[ausgeht und dann φ ∈ $\mathbb{R}^{*}$ wählt.

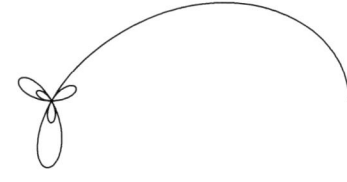

Oder man versucht, experimentell gewisse Strukturen aus der Natur nachzubilden.

Literatur:

[1] Steinberg, Günter: Polarkoordinaten - Eine Anregung, sehen und fragen zu lernen; Metzler/Schroedel Hannover 1993

[2] Haftendorn, Dörte: Polynome im Affenkasten und andere Ideen zum freieren Arbeiten, im Eigenverlag der Autorin, Lüneburg 1996

Kreis oder nicht?

G. STEINBERG

Mit Blick auf die Rechnergrafik wird
behauptet:
Durch r = 2 + sin φ wird ein Kreis mit
M(0|1) und R = 2 beschrieben.

PRO oder CONTRA? Ihr Kommentar?

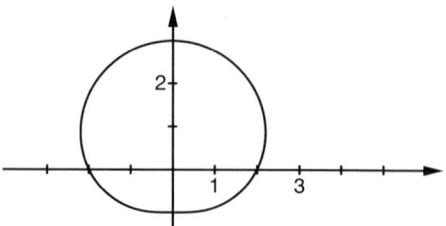

Lösung	11	12	13	GK	LK	Unt	Pro	Kl	Abi	GTR	CAS
51		✕	✕	✕	■		■	✕	■	✕	

PRO:
Eine „gute" Grafik (gleich lange Einheiten auf den Achsen) macht die Behauptung verständlich, die Kurve geht durch (0|3) und (0|−1) und ist symmetrisch zur y-Achse, auch zur Geraden s: y = 1?

CONTRA:

(1) φ = 0 liefert den Kurvenpunkt $P(x = 2 | y = 0)$. P hat von „M" den Abstand $\sqrt{5} \neq 2$!
Damit ist die Behauptung bereits widerlegt. Wir listen weitere gleichwertige Gegenargumente auf:

(2) $A(\text{Kreis}) = \pi \cdot R^2 = 4\pi$ $A(\text{Kurve}) = \frac{1}{2} \int_0^{2\pi} (2 + \sin \varphi)^2 \, d\varphi = 4{,}5\pi$

(3) $U(\text{Kreis}) = 2\pi \cdot R = 4\pi$ $U(\text{Kurve}) = \int_0^{2\pi} \sqrt{(2 + \sin(\varphi))^2 + \cos^2 \varphi} \, d\varphi \approx 13{,}365$

(4) Der „behauptete Kreis" hat die Gleichung $x^2 + (y-1)^2 = 4$. Setzt man x = r · cos φ, y = r · sin(φ), so erhält man nach kurzer Umformung die Polardarstellung $r = \sin(\varphi) + \sqrt{3 + \sin^2 \varphi}$. Die Abweichung d(φ) gegenüber der gegebenen Kurve beträgt also $d(\varphi) = 2 - \sqrt{3 + \sin^2 \varphi}$, für $\varphi = \frac{\pi}{2}$ oder $\varphi = \frac{3\pi}{2}$ gilt d(φ) = 0, an den Stellen φ = 0 oder φ = π ist die Abweichung am größten, was aus der Ableitung von d(φ) abzulesen ist.

Ergänzung:

(→ Abitur LK oder Facharbeit) Man betrachte die Schar $r_a = a + \sin \varphi$. Die Scharkurven heißen nach ETIENNE PASCAL „Pascalsche Schnecken". Für 0 < a < 1 haben sie eine Schleife, für a = 1 eine Spitze (Kardioide), für 1 < a < 2 eine Einbuchtung, für a ≥ 2 sind sie oval-artig.
Die Untersuchung dieser Schar ist sehr interessant, bei Inversion am Einheitskreis um den Pol erhält man die Kegelschnitte. (Literatur siehe Aufgabe 50 [1].)

Stellen Sie an die durch K: $\begin{cases} x(t) = -t + t^3 \\ y(t) = -4t + t^4 \end{cases}$ $t \in \mathbb{R}$

beschriebene Kurve Fragen und versuchen Sie, diese Fragen selbst zu beantworten.

Lösung	11	12	13	GK	LK	Unt	Pro	Kl	Abi	GTR	CAS
52		×	×	■	×			×	■	×	■

Die vom GTR gelieferte Grafik fordert folgende Fragen heraus:

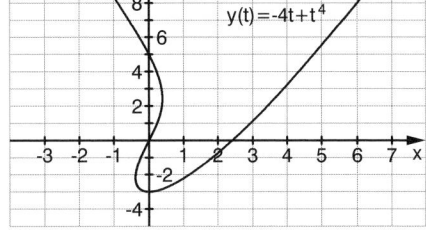

(1) Wo liegen die Achsenschnittpunkte?
(2) Wo liegt der Tiefpunkt von K?
(3) Wo liegen die „Schwenkpunkte", die Punkte also, in denen die Tangente an K senkrecht zur x-Achse verläuft?
(4) Welche Wendepunkte gibt es?
(5) Wie groß sind die Inhalte der Flächen zwischen K und den Achsen?
(6) Wie lang sind die Bogenstücke von K, die durch die Achsenschnitte gebildet werden?
(7) Wie groß sind die Winkel zwischen K und den Achsen?

zu (1) $x = 0 \quad \Leftrightarrow \quad t = -1 \quad \vee \quad t = 0 \quad \vee \quad t = 1$ $(y = 5, y = 0, y = -3)$

       $y = 0 \quad \Leftrightarrow \quad t = 0 \quad \vee \quad t = \sqrt[3]{4}$ $(x = 0, x = 4 - \sqrt[3]{4} \approx 2{,}41)$

zu (2) $\dfrac{dy}{dx} = \dfrac{\dot{y}(t)}{\dot{x}(t)} = \dfrac{4t^3 - 4}{3t^2 - 1}$ Tiefpunkt $(0 \,|\, -3)$ für $t = 1$

zu (3) $\dot{x}(t) = 0$ und $\dot{y}(t) \neq 0 \Leftrightarrow t = -\tfrac{1}{3}\sqrt{3} \vee t = \tfrac{1}{3}\sqrt{3}$

       $S_1(0{,}385 \,|\, 2{,}421)$; $S_2(-0{,}385 \,|\, -2{,}198)$

zu (4) $\dfrac{d^2y}{dx^2} = \dfrac{12t(t^3 - t + 2)}{(3t^2 - 1)^3} = 0 \quad \Leftrightarrow t = 0 \quad \vee \quad t \approx -1{,}52138$ $W_1(0 \,|\, 0)$; $W_2(-2 \,|\, 11{,}44)$

zu (5)   Fläche A_1 zwischen Kurve und x-Achse: $A_1 = \left| \displaystyle\int_0^{\sqrt[3]{4}} y(t) \cdot \dot{x}(t)\,dt \right| \approx 5{,}14$

       Fläche A_2 zwischen Kurve und y-Achse: $A_2 = \left| \displaystyle\int_{-1}^{0} x(t) \cdot \dot{y}(t)\,dt \right| + \left| \displaystyle\int_{0}^{1} x(t) \cdot \dot{y}(t)\,dt \right| = 2$

zu (6)   Die drei Bogenlängen müssen abschnittsweise durch Näherung ermittelt werden. Man erhält für den Bogen von $t = -1$ bis $t = 0$: $s \approx 5{,}07$,

       von $t = 0$ bis $t = 1$: $s \approx 3{,}22$,   von $t = 1$ bis $t = \sqrt[3]{4}$: $s \approx 3{,}93$.

zu (7)   Die Steigungen in den Schnittstellen sind für $t = -1$: $m = -4$; für $t = 0$: $m = 4$; für $t = 1$: $m = 0$; für $t = \sqrt[3]{4}$: $m \approx 1{,}8294$.

Projekt 53	11	12	13	GK	LK	Unt	Pro	Kl	Abi	GTR	CAS
		×	×	■	×	×	×	×	×	×	■

Besondere Voraussetzung: Differentiation, Integration von Kurven in Parameterdarstellung
(ggf. auch Motiv für diese Erarbeitung)

1. Aufgabe:

Auf dem Reifen des Hinterrades eines Fahrrades ist ein Punkt P markiert.
Das Fahrrad fährt auf gerader Straße geradeaus.
Welche Bahnkurve beschreibt der Punkt P?
Untersuchen Sie diese Kurve.

Lösung:

Der Radius sei r.

Es gilt: $x_P = |P_0Q| = |P_0L| - |QL| = |\overset{\frown}{PL}| - r \cdot \sin t = r \cdot t - r \cdot \sin t$

$y_P = |ML| - |MB| = r - r \cdot \cos t$

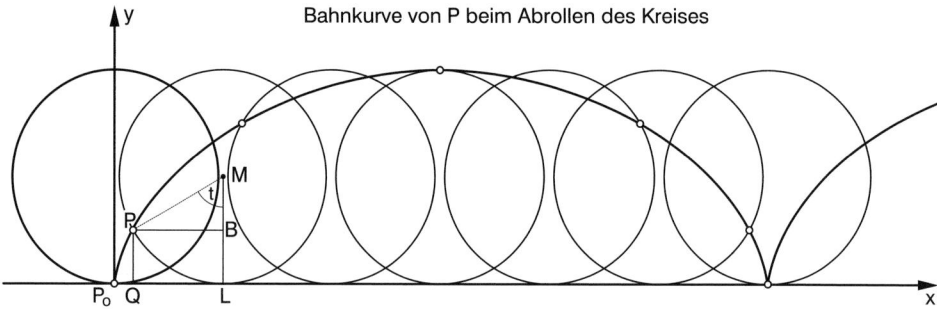

Bahnkurve von P beim Abrollen des Kreises

Man nennt diese Bahnkurve „gewöhnliche" oder „gespitzte" Zykloide.

Sie wird durch die Parameterdarstellung K: $\begin{cases} x(t) = r(t - \sin t) \\ y(t) = r(1 - \cos t) \end{cases}$ beschrieben.

Für die Ableitung erhält man $\frac{dy}{dx} = \frac{dy}{dt} \cdot \frac{dt}{dx} = \frac{\dot{y}(t)}{\dot{x}(t)} = \frac{r \cdot \sin t}{r(1 - \cos t)} = \frac{\sin t}{1 - \cos t}$.

In den Hochpunkten der Zykloide gilt $\sin(t) = 0 \quad \wedge \quad \cos t \neq 1$, sie liegen also in den Punkten mit $t = (2z - 1) \cdot \pi$ mit $z \in \mathbb{Z}$.

Für $t \to 2 \cdot z \cdot \pi$ mit $z \in \mathbb{Z}$, strebt $\frac{dy}{dx}$ gegen ∞, die Kurve geht senkrecht in ihre Nullstellen hinein und hinaus!

Der Flächeninhalt der Fläche zwischen einem vollen Bogen und der x-Achse wird aus

$\int_{t_1}^{t_2} y(t) \cdot \dot{x}(t) dt$ ermittelt: $A = \int_{0}^{2\pi} r(1 - \cos t) \cdot r(1 - \cos t) dt = 3\pi r^2$,

A ist also gleich dem dreifachen Inhalt des rollenden Kreises.

Die Länge des Kurvenstückes wird mit $\int_{t_1}^{t_2} \sqrt{\dot{x}^2(t) + \dot{y}^2(t)}\, dt$ bestimmt.

Für einen vollen Zykloidenbogen erhält man also $s = \int_{0}^{2\pi} \sqrt{r^2(1 - \cos t)^2 + r^2 \sin^2 t}\, dt$

$$s = r \cdot \int_{0}^{2\pi} \sqrt{2 - 2\cos t}\, dt = 8r.$$

Eine „geschlossene" Lösung erhält man durch

$$s = r \cdot \sqrt{2} \cdot \int_{0}^{2\pi} \sqrt{1 - \cos t}\, dt = r \cdot \sqrt{2} \cdot \int_{0}^{2\pi} \sqrt{2\sin^2\left(\tfrac{t}{2}\right)}\, dt = 2r \int_{0}^{2\pi} \sin\left(\tfrac{t}{2}\right)\, dt = 4r\left[-\cos\left(\tfrac{t}{2}\right)\right]_{0}^{2\pi} = 8r.$$

Während also der Fahrer des Rades einen Weg der Länge $2\pi r$ zurücklegt, bewegt sich der markierte Punkt auf dem Reifen auf einem Bogen der Länge 8r!

2. Aufgabe:

Welche Bahnkurve beschreibt die Spitze des Ventils des Hinterrades bei Geradeausfahrt?

Lösung:

Wir verallgemeinern die Frage und betrachten statt P nun einen Punkt P* auf einem Radius mit festem Abstand c von M.
Wir erhalten:

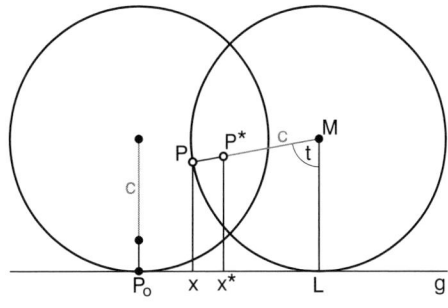

$x^* = x + (r - c) \cdot \sin t$
  $= r \cdot t - r \cdot \sin t + r \cdot \sin t - c \cdot \sin t$
$y^* = y + (r - c) \cdot \cos t$
  $= r - r \cdot \cos t + r \cdot \cos t - c \cdot \cos t,$

also K: $\begin{cases} x(t) = r \cdot t - c \cdot \sin t \\ y(t) = r - c \cdot \cos t \end{cases}$

Diese Kurve heißt „gestreckte" Zykloide.

3. Aufgabe:

Es sei P* ein Punkt auf einer Radiusgeraden mit Abstand c > r von M. (Diese Bedingung ist sicher für das Fahrrad unerfüllbar!) Welche Bahnkurve beschreibt P*, wenn der Kreis auf g rollt?

Lösung:

Wie in Aufgabe 2 findet man auch hier anhand einer Zeichnung:

$$K: \begin{cases} x(t) = r \cdot t - c \cdot \sin t \\ y(t) = r - c \cdot \cos t \end{cases}$$

Die Bahnkurve heißt hier „verschlungene" Zykloide, ein Name, der aus einer grafischen Darstellung sicher einleuchtet.

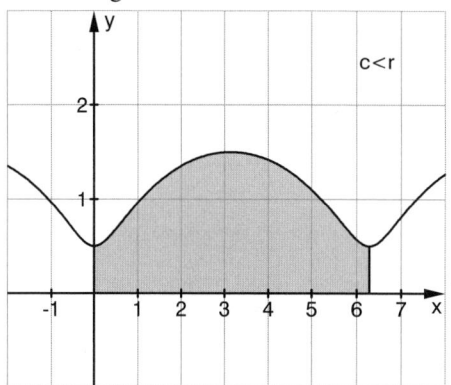 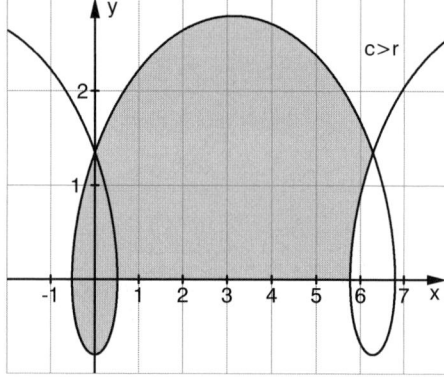

Ergänzungen:

Es liegt nahe, die in den Aufgaben 2 und 3 entwickelten Zykloiden hinsichtlich ihrer Flächeninhalte und Bogenlängen, in Aufgabe 2 hinsichtlich der Wendepunkte, in Aufgabe 3 hinsichtlich der Kreuzungswinkel zu untersuchen.

Hinweis:

Die in den Aufgaben 48 und 49 untersuchte Astroide entsteht, wenn ein Kreis (Radius r) im Inneren eines festen Kreises (Radius a) auf dessen Bogen abrollt. Die Rollkurve hat dabei die Parameterdarstellung:

$$K: \begin{cases} x(t) = (a - r)\cos t + r \cdot \cos\left(\frac{a}{r} t - t\right) \\ y(t) = (a - r)\sin t - r \cdot \cos\left(\frac{a}{r} t - t\right) \end{cases} \qquad \text{(zur Herleitung siehe [1])}$$

Wählt man $r = \frac{1}{4} a$, so ergeben sich mit Hilfe der Additionstheoreme:

$$K: \begin{cases} x(t) = a \cdot \cos^3 t \\ y(t) = a \cdot \sin^3 t \end{cases} \qquad \text{oder} \qquad x^{\frac{2}{3}} + y^{\frac{2}{3}} = a^{\frac{2}{3}}$$

Die Untersuchung dieser Zusammenhänge eignet sich gut für eine Facharbeit.

Literatur: [1] Steinberg, Günter: Polarkoordinaten, Eine Anregung, sehen und fragen zu lernen; Metzler/Schroedel Hannover 1993

[2] Kroll-Vaupel: Grund- und Leistungskurs Analysis, Band 2, Dümmler, Bonn 1986

Funktionen: $f: x \mapsto f(x)$ **Ableitungen:** $f'(x), \; f''(x)$

oder $\qquad f: y = f(x)$ oder $\qquad \dfrac{dy}{dx}, \quad \dfrac{d^2y}{dx^2}$

$$f'(x_0) = \tan \alpha$$

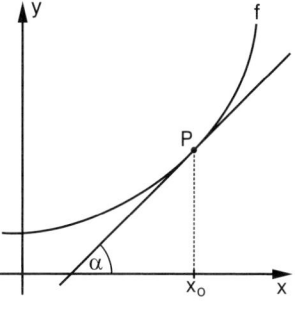

Ableitungsregeln: Summenregel, Faktorregel, Produkt-regel, Quotientenregel, Umkehrregel:

$f: y = f(x) \leftrightarrow x = \bar{f}(y) \qquad \dfrac{dy}{dx} = \dfrac{1}{\frac{dx}{dy}}$

Kettenregel: $f: \; y = f[g(x)]$

oder $y = f(z)$ mit $z = g(x) \qquad f'(x) = \dfrac{dy}{dx} = \dfrac{dy}{dz} \cdot \dfrac{dz}{dx} = \dfrac{\frac{dy}{dx}}{\frac{dx}{dz}}$

Kurven in Parameterdarstellung: $K: \begin{cases} x(t) \\ y(t) \end{cases}$

Ableitungen: $\dfrac{dy}{dx} = \dfrac{\frac{dy}{dt}}{\frac{dx}{dt}} = \dfrac{\dot{y}(t)}{\dot{x}(t)} \qquad \dfrac{d^2y}{dx^2} = \dfrac{\ddot{y}(t)\dot{x}(t) - \dot{y}(t)\ddot{x}(t)}{(\dot{x}(t))^3}$

$$\dfrac{dr}{d\varphi} = \dfrac{r(\varphi)}{\tan \gamma}$$

Kurven in Polarstellung: $\quad K: r = f(\varphi)$

oder $\qquad\qquad K: \begin{cases} x(\varphi) = r(\varphi) \cdot \cos \varphi \\ y(\varphi) = r(\varphi) \cdot \sin \varphi \end{cases}$

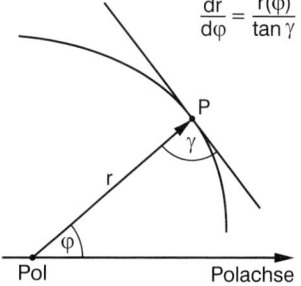

Ableitungen: $\dfrac{dy}{dx} = \dfrac{r'(\varphi)\sin \varphi + r(\varphi)\cos \varphi}{r'(\varphi)\cos \varphi - r(\varphi)\sin \varphi}$

Pol $\qquad\qquad$ Polachse

Krümmung: $k(x) = \dfrac{f''(x)}{\sqrt{1 + f'^2(x)}^{\,3}}$ $\qquad$ **Krümmungskreis:** $r(x_0) = \left| \dfrac{1}{k(x_0)} \right|$

$$x_m = x_0 - \dfrac{(1 + f'^2(x_0)) \cdot f'(x_0)}{f''(x_0)} \qquad y_m = f(x_0) + \dfrac{1 + f'^2(x_0)}{f''(x_0)}$$

$k(t) = \dfrac{\dot{x}(t) \cdot \ddot{y}(t) - \ddot{x}(t) \cdot \dot{y}(t)}{\sqrt{\dot{x}^2(t) + \dot{y}^2(t)}^{\,3}}$ $\qquad$ **Krümmungskreis:** $r(t) = \left| \dfrac{1}{k(t)} \right|$

$$x_m = x(t) - \dfrac{\dot{x}^2(t) + \dot{y}^2(t)}{\dot{x}(t)\ddot{y}(t) - \ddot{x}(t)\dot{y}(t)} \cdot \dot{y}(t) \qquad y_m = y(t) + \dfrac{\dot{x}^2(t) + \dot{y}^2(t)}{\dot{x}(t)\ddot{y}(t) - \ddot{x}(t)\dot{y}(t)} \cdot \dot{x}(t)$$

$k(\varphi) = \dfrac{r^2(\varphi) + 2r'^2(\varphi) - r(\varphi) \cdot r''(\varphi)}{\sqrt{r^2(\varphi) + r'^2(\varphi)}^{\,3}}$ $\qquad$ Krümmungskreis siehe Formelwerke.

Bogenlängen:

$$s = \int_{x_1}^{x_2} \sqrt{1 + f'^2(x)}\,dx$$

$$s = \int_{t_1}^{t_2} \sqrt{\dot{x}^2(t) + \dot{y}^2(t)}\,dt$$

$$s = \int_{\varphi_1}^{\varphi_2} \sqrt{r^2(\varphi) + r'^2(\varphi)}\,d\varphi$$

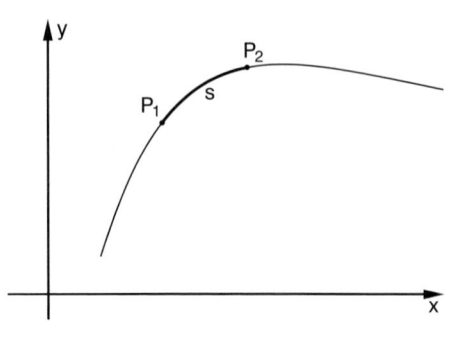

Flächeninhalt:

$$A\big|_{x_1}^{x_3} = \left|\int_{x_1}^{x_2} f(x)\,dx\right| + \int_{x_2}^{x_3} f(x)\,dx$$

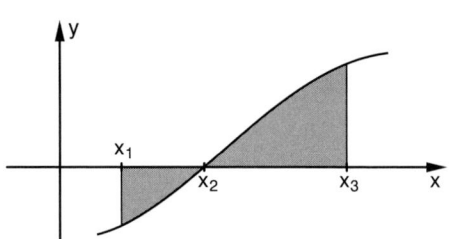

$$A_1 = \int_{t_1}^{t_2} y(t) \cdot \dot{x}(t)\,dt$$

$$A_2 = \int_{t_1}^{t_2} \dot{y}(t) \cdot x(t)\,dt$$

$$A = \frac{1}{2} \int_{\varphi_1}^{\varphi_2} r^2(\varphi)\,d\varphi$$

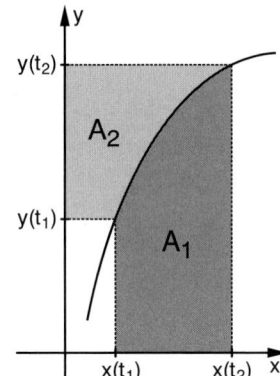

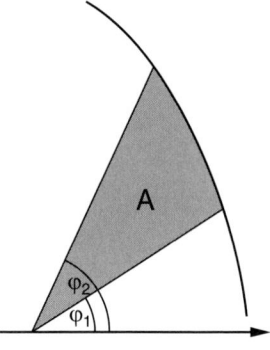

Literatur:

zur Erarbeitung: Kroll-Vaupel: Grund- und Leistungskurs Analysis, Band 2; Dümmler, Bonn 1986

Steinberg, Günter: Polarkoordinaten - eine Anregung, sehen und fragen zu lernen; Metzler/Schroedel, Hannover 1993

Hischer-Scheid: Grundbegriffe der Analysis; Spektrum, Heidelberg 1993

Formelwerke: Bronstein et alii: Taschenbuch der Mathematik, H. Deutsch, Frankfurt 1993

Bartsch, H.-J.: Taschenbuch mathematischer Formeln, Fachbuchverlag Leipzig-Köln, [15]1993